Barbara Forster

Rezepte für den tollsten Job der Welt
Wie Arbeit Spaß macht und Erfolg gelingt

Barbara Forster:
Rezepte für den tollsten Job der Welt
Wie Arbeit Spaß macht und Erfolg gelingt
© J. Kamphausen Verlag & Distribution GmbH, Bielefeld 2010
info@j-kamphausen.de

Lektorat: Anne Petersen
Cover: ad department / Kerstin Fiebig
Autorinnenfoto: Björn Gaus
Satz: ad department / Kerstin Fiebig
Abbildungen: www.fotolia.de

Druck & Verarbeitung: Westermann Druck Zwickau

www.weltinnenraum.de

1. Auflage 2010

Bibliografische Information der Deutschen Nationalbibliothek
Die Deutsche Nationalbibliothek verzeichnet diese Publikation
in der Deutschen Nationalbibliografie; detaillierte bibliografische Daten
sind im Internet über http://dnb.d-nb.de abrufbar.

ISBN 978-3-89901-298-9

Dieses Buch wurde auf 100% Altpapier gedruckt und ist alterungsbeständig.
Weitere Informationen hierzu finden Sie unter www.weltinnenraum.de

Alle Rechte der Verbreitung, auch durch Funk, Fernsehen und
sonstige Kommunikationsmittel, fotomechanische oder vertonte
Wiedergabe sowie des auszugsweisen Nachdrucks vorbehalten.

Barbara Forster

Rezepte für den tollsten Job der Welt

Wie Arbeit Spaß macht und Erfolg gelingt

Gewidmet
all den Menschen,
die dem Ruf ihres Herzens
nach einem erfüllten
und allseits bereichernden Leben
folgen möchten!

Inhalt

Kurz vorweg .... Seite 8

**Aufbruch
in neue Arbeitswelten** .... Seite 12

**Der 9-Sterne-
Wegweiser** .... Seite 18

**Schluss mit den
Tagträumen** .... Seite 20

**Vom Traum
zur Wirklichkeit** .... Seite 24

**Ihr persönlicher
Lebensplan** .... Seite 28

**Schätzen Sie
Ihre Talente** .... Seite 32

Kreative Job-Rezepte .... Seite 36

Romanheldin & Dichterfürst .... Seite 37

Showgirl & Pantomime .... Seite 46

Blumenzwiebel & Gartenzwerg ...... Seite 56

Kindernärrin & Seelentröster .... Seite 66

Basteltante & Pinselheini .... Seite 79

Sportskanone & Gesundheitsapostel .. Seite 88

Katzenmami & Hundefreund .... Seite 98

Modepuppe & Dressman .... Seite 106

Kochmamsell & Tortenheber .... Seite 114

Reisefee & Weltenbummler .... Seite 122

**Mut zum
eigenen Weg** .... Seite 132

**Die Kraft
Ihrer Entscheidungen** .... Seite 138

**Zum guten Schluss:
Noch ein paar Tipps
für Ihren Erfolg** .... Seite 142

Danksagung .... Seite 170

Über die Autorin .... Seite 172

Wenn du liebst, was du tust,
wirst du nie in deinem Leben arbeiten!
Lao Tse

Kurz vorweg

Kurz vorweg

Als ich im Jahr 2004 mit der Recherche zu diesem Buch begann, sah der Arbeitsmarkt noch völlig anders aus als heute. Zwar wurde auch damals eine hohe Arbeitslosigkeit beklagt und der jahrzehntelang vorbildhafte Wirtschaftsstandort Deutschland wackelte schon stark in seinen Grundfesten. Doch wer einen festen Posten in einem Großkonzern bzw. einer der angeblich stabilen Branchen wie z. B. dem Finanz- oder Immobilienmarkt, in der Automobil- oder IT-Branche innehatte, glaubte sich auf der sicheren Seite. Als uns dann im Herbst 2008 weltweit der große Finanzcrash ereilte, überschlugen sich Ereignisse, die noch ein paar Wochen zuvor kaum jemand für möglich gehalten hätte.

Weltweite Vorzeigefirmen aus unterschiedlichsten Wirtschaftsbereichen bangten mit einem Mal um ihre Existenz, traditionell gewinnversprechende Unternehmen kämpften plötzlich mit tiefroten Zahlen und sahen sich veranlasst, den Staat um finanzielle Unterstützung zu bitten. Die alten Werte und Sicherheiten lösten sich fast über Nacht in Luft auf. Täglich sorgten neue, unglaubliche Meldungen über skrupellose Finanz- und Wirtschaftspraktiken für öffentliche Empörung, und die gravierenden wirtschaftlichen Einbußen lösten bei vielen Menschen Zukunftsängste in bisher nicht gekannten Dimensionen aus.

Zum Glück gab es auch in dieser Situation kreative, optimistische und tatkräftige Privatpersonen und Firmen, die sogleich die Chance in der Krise erkannten, ohne sich dabei an den Verlusten anderer bereichern zu wollen. Obwohl Jammern eine beliebte, typisch deutsche Beschäftigung zu sein scheint, wurde bei einigen angesichts des Ernstes der Lage das passive Klagen schnell durch konstruktives Umdenken und beherztes Handeln ersetzt. Wenn es schon nichts mehr zu verlieren gibt – dann ist vielleicht die Zeit dafür gekommen, etwas Neues zu wagen! Wenn mein angeblich so sicherer Job auf Lebenszeit von heute auf morgen wegbrechen kann, wenn die mit dem Risiko eines Herzinfarktes anvisierten Unternehmensziele in weite Ferne rücken, wenn die Knochenarbeit anstrengender Dienstleistungen mit immer weniger Lohn entgolten wird – spätestens dann darf man es als Aufforderung, wenn nicht sogar als Glücksfall betrachten, sich endlich mit bisher noch nie bedachten oder beharrlich verdrängten Alternativen zu befassen.

Kurz vorweg

Mein bis zum Einsetzen der Finanzkrise zusammengetragenes Buchmaterial hatte ich bis dato „nur" im Rahmen von Workshops und Beratungen verwendet. Doch je mehr ich in Zeitungen und Zeitschriften darüber las, wie viele Menschen über eine berufliche Neuorientierung nachdachten, umso mehr drängte meine ursprüngliche Buchidee auf Verwirklichung. Die Idee dazu hatte mich 2004 im wahrsten Sinne des Wortes im Traum erreicht. Ich träumte von einer ehemaligen, mir nur weitläufig bekannten Kollegin, die mit mir viele Jahre zuvor in einer Modeboutique als Verkäuferin gearbeitet hatte. Sie öffnete mir im Traum die Wohnungstür und begrüßte mich in einem bunt schillernden Schmetterlingskostüm. Auf meine erstaunte Frage, was dieser Aufzug bedeuten solle, erklärte sie mir, dass sie seit einiger Zeit den tollsten Job hätte, den man sich vorstellen könne. Durch private Showeinlagen als Partyschmetterling hätte sie jetzt einen stattlichen Nebenverdienst. Sie schilderte mir ihren ausgefallenen Nebenerwerb in allen Einzelheiten und ich merkte, dass sie einen Riesenspaß daran hatte. Der Traum war so real, dass ich mitten in der Nacht aufwachte, mich kerzengerade aufsetzte, glasklar an jedes Wort erinnerte und mich fragte, was mir das bitte schön sagen sollte. Da ich nicht in Erwägung zog, mir selbst ein Glitzerkleid zu schneidern, um darin als lustiges Party-Highlight herumzuhüpfen, musste es wohl andere Gründe geben.

Nach dieser „Traum"-Nacht wachte ich am Morgen mit einer ungewöhnlichen Klarheit und Fröhlichkeit auf. Ich war rundherum positiv gestimmt und hatte den seltsamen Impuls, alle Leute zu ermuntern, endlich auf ihren Platz zu gehen. Während dieses ungefähr zwei Tage andauernden „Höhenfluges" wurde mir klar, was der Traum für eine Botschaft hatte. In mir entstand die Idee, anhand eines Buches möglichst vielen Menschen Motivation, Mut und handfeste Tipps zu geben, um für sich den rundum passenden Platz im Berufsleben zu finden bzw. diesen Arbeitsplatz selbst zu kreieren.

Vier Jahre später, nachdem ich inzwischen ein anderes Buch beendet hatte und das Manuskript immer noch halbfertig in meiner Schublade lag, hatten sich die Umstände am Arbeitsmarkt extrem zugespitzt. Inzwischen gab es mehr Menschen denn je, die solch eine Unterstützung dringend brauchen konnten.

Kurz vorweg

Es schien an der Zeit, meine Buchidee schnellstmöglich in die Tat umzusetzen. Zum Glück teilte auch mein Wunschverlag diese Meinung, so dass meine Job-Ideen heute tatsächlich fachmännisch gebunden vor Ihnen liegen! Und ich freue mich sehr, wenn mein Traum Ihnen dabei behilflich sein kann, Ihre eigenen Träume zu verwirklichen. Ich wünsche Ihnen von Herzen, dass auch Sie dann auf die Frage „Na, und wie geht's bei dir mit der Arbeit?" mit einem begeisterten „Danke, mir geht's bestens. Ich hab den tollsten Job der Welt!" antworten können.

Aufbruch in neue Arbeitswelten

Ob Bankangestellter, Friseurin, Universitätsprofessor, Lehrerin, Taxifahrer oder Ärztin – die meisten von uns, die einer regelmäßigen Aufgabe oder Arbeit nachgehen, verbringen mit dieser Tätigkeit zwangsläufig einen Großteil ihrer Lebenszeit. Wie erfüllt wir unser Leben empfinden, hängt also maßgeblich von unserer beruflichen Tätigkeit ab.

Trotz dieses so offensichtlichen Zusammenhangs geht laut diverser Umfragen eine ständig wachsende Anzahl von Arbeitnehmern immer lustloser ihrer Erwerbstätigkeit nach. Mehr als 70 Prozent spulen an ihrem Arbeitsplatz ein Pflichtprogramm ab, das in keiner Weise den persönlichen Neigungen und Begabungen entspricht. Viele fühlen sich in dieser Situation gefangen und sehen keine Möglichkeiten der Veränderung. Es ist nicht verwunderlich, wenn durch zunehmende Personaleinsparungen, immer knappere Arbeitsplätze und einen ständig schärferen Wettbewerb die Suche nach beruflicher Erfüllung wie pures Luxusdenken, ja geradezu anmaßend erscheint. Das Sprichwort „Lieber den Spatz in der Hand als die Taube auf dem Dach" passt sehr gut und nur zu verständlich auf diese Situation.

So zwingen sich viele weiterhin tagein, tagaus zu etwas, was sie im Grunde ihres Herzens nicht wirklich gern tun. Zu allem Übel sehen sich viele auch noch genötigt, eifrig vorzugeben, wie viel Spaß ihnen ihr Job macht, wie hoch motiviert sie sind, wie leicht es ihnen fällt, die Belange der Arbeit vor alle anderen Interessen zu stellen, wie mühelos sie verschlechterte Arbeitsbedingungen und Lohnkürzungen wegstecken usw. Und meistens geschieht dies genau aus der Befürchtung heraus, diesen ungeliebten Job nur ja nicht zu verlieren – ein Teufelskreis. Aber ehe man sich versieht, können hier kostbare, unwiederbringliche Jahre vergehen, in denen ein Großteil der Lebenszeit aus Unzufriedenheit, Selbstverleugnung, Fremdbestimmung und Angst besteht.

Es ist schon erstaunlich, wie selten wir uns ausgiebige Überlegungen darüber gestatten, wie und womit wir häufig mehr als die Hälfte unserer Wachzeit verbringen. Es erscheint uns äußerst wichtig, welche Kleidung wir tragen, welchen Wagen wir fahren, welchen Arzt wir aufsuchen, in welche Lokale wir ausgehen oder wo wir den Urlaub verbringen. Den meisten von uns würde es niemals einfallen, eine Wohnung oder ein Haus nach rein praktischen Gesichtspunkten auszusuchen. Jedem ist klar, wie wichtig es ist, sich daheim entspannen, erholen und neue Energie tanken zu können. Genauso klar sollte es aber auch jedem sein, dass die vielen Stunden unserer täglichen Arbeit nicht nur dem reinen Broterwerb dienen dürfen, sondern uns vor allem Freude bereiten sowie ein Ausdruck unserer ganz besonderen Fähigkeiten und unserer individuellen Persönlichkeit sein sollten. Natürlich heißt dies nicht, dass es am Arbeitsplatz nicht ab und zu auch unangenehm sein darf und wir an unsere Grenzen kommen. Wie überall im Leben sind es auch hier oftmals gerade die Herausforderungen und Schwierigkeiten, die uns stärken und wachsen lassen.

Dieses Wachstum kann jedoch auch in einer rundum positiven und trotzdem sehr anspruchsvollen Atmosphäre stattfinden. Es geht immer um die Gewichtung und Ihren ganz persönlichen Anspruch, in welcher Grundstimmung Sie rund die Hälfte Ihrer wachen Lebenszeit verbringen möchten. Angespannt, unzufrieden, überfordert, eingeschränkt, sinnlos? Oder erfüllt, zufrieden, herausgefordert, begeistert und inspirierend?

Doch was ist es, das Sie persönlich erfüllt, herausfordert, zufrieden stellt, begeistert und Sie und andere inspiriert? Es gibt sehr gute Lektüre, die Ihnen dabei helfen kann, Ihre individuellen Fähigkeiten und Vorlieben herauszufiltern. Gehen Sie unvoreingenommen durch Ihre Lieblingsbuchhandlung oder Ihren virtuellen Buchladen und beschäftigen Sie sich mit den Büchern, deren Titel und Inhaltsangaben Sie besonders ansprechen. Sie werden in der Regel genau von den Büchern angezogen, die eine Botschaft für Sie haben und die Ihnen im Moment am besten weiterhelfen.

Dem Aufspüren der persönlichen Berufung werde ich mich hier nur am Rande widmen. Bei meinem Ansatz gehe ich generell davon aus, dass die meisten Leser bereits die eine oder andere Tätigkeit benennen können, die ihnen besonders liegt oder die sie schon immer mal ausprobieren wollten. Vielleicht geht es Ihnen ähnlich und bisher halten Sie eher äußere Umstände bzw. die Frage nach dem „Wie?" noch davon ab, diesen Wunsch in die Tat umzusetzen. Vielleicht haben Sie sich schlicht und einfach noch nicht getraut, Ihre besonderen Ambitionen auszuleben. Vielleicht glauben Sie, die Bezahlung für Ihre Wunschbeschäftigung wäre nicht lukrativ genug, und Sie waren aus diesem Grund bisher nicht dazu bereit, Ihre Zeit dafür einzusetzen. Vielleicht denken Sie, Sie weisen nicht genügend Qualifikationen vor. Vielleicht befürchten Sie, Sie wären zu jung, zu alt, zu arm, zu groß, zu klein, zu unbegabt, zu ängstlich, zu ungeschickt ...

Egal, ob Sie immer davon geträumt haben, mal ein Hotel zu führen, künstlerisch tätig zu sein, mit Tieren zu arbeiten oder als Innenarchitekt Ihr Geld zu verdienen – niemand wird Ihnen sagen können, ob Sie nach Verwirklichung dieses Wunsches wirklich zufriedener und glücklicher wären als Sie es jetzt sind. Aber unerfüllte Sehnsüchte haben die fatale Tendenz, eine Eigendynamik zu entwickeln, und werden immer verlockender und schillernder, je mehr sie in unerreichbare Ferne entrücken. Und sicherlich wollen Sie sich den Rest Ihrer Tage nicht mit einem nagenden „Was-wäre-wenn-Gefühl" abfinden! Dabei möchte ich noch etwas anmerken: Egal, wie jung oder alt jeder Leser ist, der dieses Buch gerade in den Händen hält – grundsätzlich ist jeder so alt, wie er sich fühlt. Wenn Sie also genügend Willen und Elan dazu aufbringen, können Sie noch hoch betagt in Ihrem Leben Chancen erkennen, diese wahrnehmen und etwas völlig Neues ausprobieren. Doch falls Sie derzeit noch ein bisschen jünger sind – möchten Sie wirklich so lange warten?

Mit meinem Buch möchte ich Sie ermuntern, nicht in ergebnislosen Tagträumereien stecken zu bleiben, sondern sofort mit dem Realisieren zu beginnen. Erlauben Sie Ihren Träumen und versteckten Wesensanteilen, endlich lebendig zu werden. Halten Sie Ihre Vision, lassen Sie sie wie ein Leuchtfeuer immer wieder vor Ihrem geistigen Auge aufflackern. Und gehen Sie ohne Zögern die ersten kleinen Schritte, ganz ohne ein großes persönliches oder finanzielles Risiko. Der weitere Weg, die nächsten Etappenziele oder neue Richtungen werden sich unter Ihrem beherzten Voranschreiten ganz von selbst erschließen.

Ich habe dieses Buch geschrieben, um darin einen Teil meiner Lebensphilosophien und kreativen Ideen, viel Optimismus, vielfältigste Berufserfahrungen sowie meine über Jahrzehnte erworbenen Marketingkenntnisse weiterzugeben. Durch diverse Lebenslagen war ich dazu gezwungen, mir durch berufliche

Nebentätigkeiten immer wieder auf neue Arten Geld zu verdienen. Im Laufe der Jahre „tourte" ich so durch viele Branchen und konnte in die vielfältigsten Arbeitsbereiche hineinschnuppern. Dabei war ich selbst oft erstaunt, welche Bandbreite von Möglichkeiten es für sogenannte Quereinsteiger bzw. Autodidakten gibt. Irgendwann kümmerte ich mich nicht mehr um die Frage, ob ich für diesen oder jenen Bereich denn auch wirklich alle notwendigen Voraussetzungen besäße. Der Job kam zu mir, die Tätigkeiten erschlossen sich wie von selbst und so sah ich mich aufgefordert, mir jede neue Herausforderung zuzutrauen und mutig ins kalte Wasser zu springen. Dieses Selbstverständnis machte sich mit der Zeit sehr bezahlt. Sobald ich mir eine neue Aufgabe ohne Wenn und Aber zutraute, lösten sich auch bei meinen Auftraggebern alle eventuellen Zweifel. Die damit einhergehende professionelle Ausstrahlung wirkte sich sehr positiv auf die Höhe der Bezahlung aus.

Es ist individuell sehr verschieden, wie Sie die von mir geschilderten und großteils selbst erprobten Tätigkeiten ausführen: freiberuflich, als Minijob, als Tauschgeschäft von Dienstleistungen, als angemeldeter Nebenerwerb oder als Hauptberuf, vielleicht auch nur ehrenamtlich oder integriert in die bisherige Tätigkeit, als Studentenjob oder Zusatzverdienst zur Rente usw. – alle Varianten sind denkbar. Meine detaillierten „Rezepte" zur Umsetzung der einzelnen Job-Ideen sind so gestaltet, dass sie es Ihnen ermöglichen, Ihre individuellen Dienste auch parallel zu oder sogar im Rahmen Ihrer jetzigen Arbeit anzubieten. Was für Sie persönlich am sinnvollsten ist, können nur Sie selbst entscheiden. Hierbei ist es angebracht, sich Rat von Personen zu holen, die sich in arbeits- oder steuerrechtlichen Fragen sowie in Versicherungsdingen bestens auskennen. Ich bitte daher um Verständnis, wenn ich zu diesen Bereichen grundsätzlich keine detaillierten Hinweise gebe und dieses Feld den Fachleuten überlasse.

Wenn erst Erfahrungen gemacht sind und sich die Erfolge einstellen, können Sie in Ruhe überdenken, ob und wie Sie Ihr neues Tätigkeitsfeld ausweiten möchten. Sie können also ganz beruhigt sein: Zum Realisieren und Ausprobieren der Job-Ideen ist weder ein Riesenkredit noch ein langjähriges Studium erforderlich.

Es ist nicht notwendig, die Familie zu verlassen oder ins Ausland auszuwandern. Sie brauchen nicht zu befürchten, Ihre jetzige Arbeit unmittelbar hinschmeißen und unüberschaubare Risiken eingehen zu müssen. Sie dürfen wirklich ganz entspannt bleiben. Sie haben bei jedem Job-Rezept die Möglichkeit, ohne Druck und Stress und Schritt für Schritt mit der Umsetzung zu beginnen!

Die Beispiele in diesem Buch sind exemplarisch, aber die Marketingideen und -vorlagen lassen sich mit geringfügigen Änderungen auf viele weitere Branchen übertragen bzw. untereinander austauschen. Das Firmenanschreiben aus dem Kapitel „Showgirl und Pantomime" können Sie mit entsprechender Abwandlung genauso gut auf den Bereich „Basteltante und Pinselheini" übertragen. Und der Pressetext aus dem Kapitel „Kindernärrin und Seelentröster" gibt Ihnen viele Anregungen, die Sie auf andere Branchen adaptieren können. Grundsätzlich handelt es sich hier um Ideen, die in jeder Region und jeder Stadt gefragt sind und sich so gut wie überall umsetzen lassen. Auch wenn ich keine ergänzenden Kostenkalkulationen ausgearbeitet habe, werden Sie auf den ersten Blick erkennen, dass die Ausgaben in der Regel sehr gering sind und Sie nicht in unüberschaubare Anfangsinvestitionen stürzen. Sollten Sie dieses Geld im ungünstigsten Fall als „Lehrgeld" abschreiben müssen, hätte sich der relativ geringe finanzielle Einsatz als Gegenwert zu den unbezahlbaren Erfahrungen trotzdem gelohnt. Jeder Aufbruch bringt Ihnen neue Erfahrungswelten, führt Sie in bisher noch unbekannte Lebensbereiche und mit jedem Beschreiten eines neuen Weges kommen Sie sich selbst ein Stückchen näher.

Mit der Zeit werden Ihre Bedenken, das Zurückschrecken vor Veränderungen und neuen Herausforderungen immer kleiner und Ihr Mut und der Spaß am Leben immer größer. Sie lernen Risiken besser abzuschätzen und entwickeln einen untrüglichen Instinkt dafür, wohin Sie Ihr inneres Rufen führen möchte und wie Sie Ihren eigenen Weg finden.

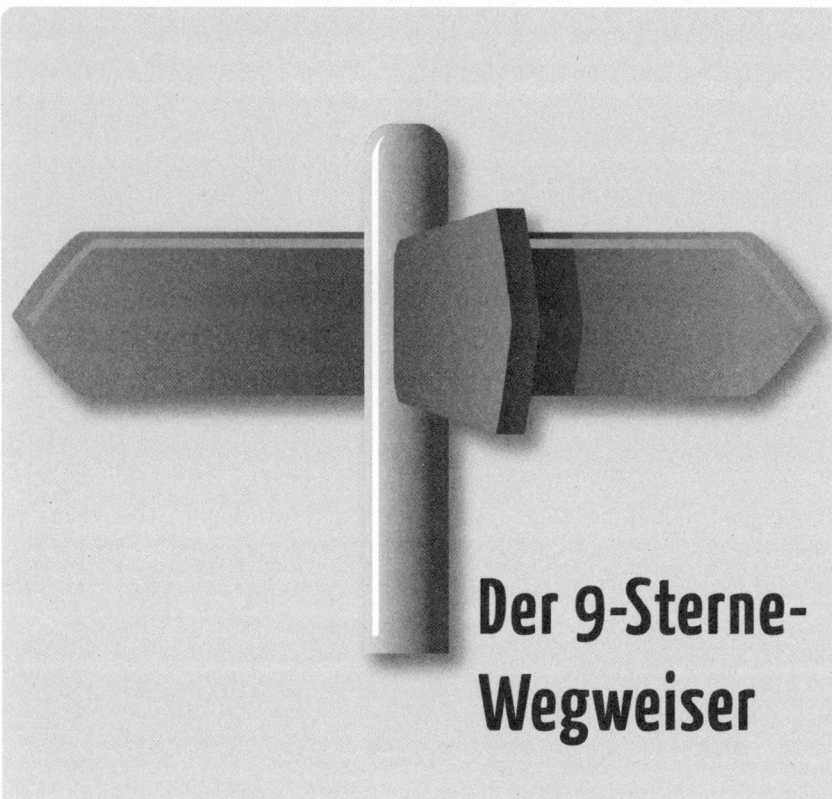

Der 9-Sterne-Wegweiser

Aus meinen abwechslungsreichen beruflichen Erfahrungen habe ich viel gelernt. Natürlich habe ich auch oft gehadert und der Wert der Erfahrungen hat sich mir manchmal erst viele Jahre später erschlossen. Im Laufe der Zeit hat sich aus diesen Erkenntnissen jedoch eine Art Richtlinie entwickelt, deren Beachtung es mir immer leichter machte, eine Entscheidung für oder gegen eine Tätigkeit zu treffen. Ich versuche, meine Aufgaben so anzunehmen, wie sie an mich herangetragen werden, und dabei nach Möglichkeit mein Bestes zu geben. Dabei gestehe ich mir auch zu, dass meine „Bestform" nicht jeden Tag gleich aussieht. Ich habe gelernt, mich und meine Arbeit mehr wertzuschätzen und trotzdem nicht zu sehr nach dem Verdienst zu schielen, sondern einfach zu tun, was gerade von mir getan werden soll. Dadurch wurde ich manchmal von Belohnungen überrascht, von denen ich nicht zu träumen gewagt hätte – und die oftmals weit über den rein finanziellen Aspekt hinausgingen. So entstand nach und nach mein „9-Sterne-Wegweiser", in dem ich die aus meiner Sicht wichtigsten Voraussetzungen für das Erreichen beruflicher Zufriedenheit und Erfüllung zusammengefasst habe.

9-Sterne-Wegweiser zur beruflichen Erfüllung

- Finden Sie heraus, was Ihren persönlichen Neigungen und Talenten entspricht.
- Folgen Sie Ihrem Herzen und hören Sie auf Ihre Intuition.
- Erspüren Sie, ob Ihnen diese Tätigkeit innere Freude und Erfüllung verschafft.
- Denken Sie nach, wie Sie damit auch Ihre Mitmenschen unterstützen können.
- Schließen Sie alles aus, was Ihnen oder Ihren Mitmenschen schaden kann.
- Skizzieren Sie einen groben Plan und beginnen Sie gleich mit kleinen Schritten.
- Vertrauen Sie darauf, dass sich im Voranschreiten vieles von selbst erschließt.
- Fokussieren Sie immer wieder Ihre Vision und bleiben Sie stets zuversichtlich.
- Erkennen Sie den ideellen sowie den materiellen Wert Ihrer Arbeit an.

Mit diesem Wegweiser möchte ich Sie nun auf eine Reise ins Wunderland der unbegrenzten beruflichen Möglichkeiten schicken. Weiterhin viel Freude und Inspiration beim Lesen!

Schluss mit den Tagträumen

Schluss mit den Tagträumen

So kann's gehen ... *8 Jahre:* „Wenn ich groß bin, werde ich Schriftstellerin." *14 Jahre:* „Meine Aufsätze sind toll, es macht riesig Spaß, zu schreiben, und in Deutsch krieg' ich immer Supernoten. Nach der Schule werd ich erstmal eine Ausbildung machen und danach schreibe ich ein Buch!" *20 Jahre:* „Hoffentlich werde ich nach der Lehre übernommen. Habe zwar nicht allzu viel Lust darauf, aber dafür wenigstens einen Job. Und in meiner Freizeit lenk ich mich ab und mach richtig Party." *30 Jahre:* „Jetzt bin ich verheiratet und bald kommt unser erstes Kind. Dann werde ich endlich Zeit und Muße zum Schreiben haben." *31 Jahre:* „Wenn der Kleine etwas größer ist und mir abends nicht immer gleich die Augen zufallen, fange ich bestimmt mit meinem Buch an." *36 Jahre:* „So, jetzt sind meine beiden im Kindergarten. Jetzt hätte ich vormittags ein bisschen Ruhe zum Schreiben. Aber eigentlich sollte ich mir eine Arbeit suchen, wir haben das Geld dringend nötig." *40 Jahre:* „Kinder, Haushalt, Job und Mann. Im Prinzip klappt ja alles wunderbar, aber irgendwie wollte ich doch noch was ganz anderes." *46 Jahre:* „Hätte nie gedacht, dass Kinder in der Pubertät so anstrengend sind. Und in unserer Ehe kriselt es grad gewaltig. Wenn ich jetzt auch noch sage, dass ich mehr Zeit für mich brauche, weil ich Schreiben möchte ..." *51 Jahre:* „Wie schön, dass die Kinder schon so groß sind und wir endlich wieder mehr zusammen unternehmen. Gestern Abend waren wir bei einer Lesung. Einfach toll, wie der Mann schreibt! Ob ich das auch so könnte?" *55 Jahre:* „Schreibworkshop oder Wellnessfarm? Ich hab mich für Wellness entschieden, sollte sowieso regelmäßiger was für mein Aussehen tun." *60 Jahre:* „Jetzt hat schon wieder so eine Schauspielerin ihre Memoiren veröffentlicht. Na ja, mein Leben ist eh' nicht so interessant, dass jemand ein Buch darüber lesen würde." *65 Jahre:* „Habe gestern meiner Enkeltochter beim Aufsatz geholfen. Ach ja, da kamen alte Träume hoch." *70 Jahre:* „In meinem Alter noch ein Buch schreiben? Nein, nein, nichts für mich. Ich bin zufrieden, dass ich mit meiner Brille überhaupt noch eines lesen kann." *75 Jahre:* „Wer erinnert sich eigentlich an alles, wenn ich nicht mehr da bin? Ich hatte so viele Ideen. Und die ganzen Geschichten, die mir immer im Kopf herumschwirrten ..." *80 Jahre:* „Ja, ja, früher ... Früher, da wollte ich auch mal ein Buch schreiben ..."

Schluss mit den Tagträumen

Puhh ... traurig, aber leider wahr. Egal, welche Träume Sie mit sich herumtragen und welche Wünsche in schöner Regelmäßigkeit immer wieder bei Ihnen anklopfen – hören Sie bitte ab sofort damit auf, diese Bilder zu verdrängen! Vielleicht argumentieren Sie nun, Sie hätten sich doch schon zigmal damit befasst, wie Sie Ihre Ideen realisieren könnten, aber es geht halt einfach nicht. Da gibt es immer wieder Hindernisse, die sich Ihnen in den Weg stellen, oder sachliche Gründe, die Sie nicht einfach ignorieren können. Nun, wenn es wirklich so ist, dass Ihre Ideen völlig unrealistisch sind, warum melden sie sich dann immer wieder bei Ihnen? Weil Ihre Träume gelebt werden wollen und Sie ein Recht auf die Verwirklichung haben! Und vielleicht ist ja genau jetzt der Zeitpunkt dafür gekommen. Ob dies so ist, können Sie auch daran feststellen, dass in dem Moment, in dem Sie die klare Entscheidung für Ihre Wünsche treffen, sich plötzlich Türen auftun und sich Ihnen ungeahnte Möglichkeiten bieten.

Viele erfolgreiche Biographien zeigen, dass nicht immer der ganz große Sprung gewagt werden muss, um das Ziel zu erreichen. Den meisten Menschen fehlt nun mal im ersten Anlauf der Mut zu den wirklich großen Veränderungen. Doch genügend Mut für einen ersten kleinen Schritt kann fast jeder aufbringen. Die Menge und Vielfalt an Gelegenheiten, die uns das Leben bietet, um erste Schritte in Richtung unserer Sehnsüchte zu gehen, ist unerschöpflich. Es liegt nur an uns, ob wir diese Gelegenheiten auch erkennen und wahrnehmen wollen. Doch haben leider viele Menschen eine zu eingeschränkte Vorstellung davon, wie und auf welchem Weg sie ihr Ziel erreichen möchten. So lassen sie kostbare Chancen unerkannt und ungenutzt verstreichen.

Das ist wie bei einem Kofferband am Flughafen. Stellen Sie sich vor, Sie sollen hier Ihr Gepäck abholen, das vom Universum für Sie aufgegeben wurde. Ohne genau zu wissen, wie dieses Gepäck aussieht, haben Sie sich vielleicht darauf versteift, dass hier gefälligst ein großer, knallroter Hartschalenkoffer auf Sie zu warten hat. Also bleiben Sie stundenlang am Band stehen, ohne ein Gepäckstück zu entdecken, das Ihren Vorstellungen entspricht. Währenddessen fahren schwarze, gelbe, blaue oder grüne Taschen, Koffer und Rucksäcke an Ihnen vorbei, die Sie jedoch keines Blickes würdigen. Dabei kann in jedem dieser Gepäckstücke die optimal für Sie passende Gelegenheit stecken. Aber nein, es muss ja ein roter Hartschalenkoffer sein! Das Leben ist geduldig, das Kofferband dreht sich weiter und weiter und bietet Ihnen immer wieder neue Varianten. Manchmal zögern Sie vielleicht, fühlen den Impuls, ein Gepäckstück vom Band zu nehmen, doch dann schrecken Sie wieder davor zurück. Was, wenn Sie jetzt das falsche Gepäck nehmen und jemand anders Ihren Hartschalenkoffer erwischt? Vor lauter Angst, Ihren knallroten Traum zu verpassen, kommt Ihnen gar nicht in den Sinn, dass das Wesentliche, was Sie dabei vor allem verpassen, das Leben selbst ist. So verstreichen eventuell kostbare Jahre langweilig vor einem Kofferband in Warteposition auf eine Fata Morgana, die nie erscheinen wird. Und wenn dann tatsächlich eines Tages doch noch so ein rotes Hartenschalending heranrollen sollte, stellen Sie vielleicht fest, dass es Ihnen inzwischen viel zu groß und schwer ist. Möglicherweise haben Sie jetzt gar nicht mehr die Kraft, das Ungetüm vom Band zu hieven, und denken sehnsüchtig an die leichte, hellblaue Sporttasche, die erst vor ein paar Tagen vorbeirollte und deren Inhalt garantiert für Sie bestimmt war. Also richten Sie ab sofort Ihr Augenmerk nur noch auf leichte, hellblaue Sporttaschen und das Spiel beginnt von vorn ...

Nun möchte ich Ihnen ganz bestimmt nicht unterstellen, dass Sie so ein zögerlicher Zeitgenosse sind, der sich als Alibifunktion einen großen Traum zurechtgebastelt hat und dabei viele wunderbare Gelegenheiten verpasst. Nein, ganz bestimmt nicht! Ich glaube im Gegenteil, dass Sie bereits dabei sind, Augen und Ohren aufzusperren und jetzt alle Sinne öffnen für die Möglichkeiten, die Ihnen das Leben Tag für Tag bietet. Und sollten Sie das Gefühl haben, es gäbe noch ein paar unbekannte Hindernisse oder Hemmungen für Sie, die Sie innerlich zurückhalten, finden Sie in den nächsten Kapiteln ein paar Anregungen, um diese entlarven und überwinden zu können.

Vom Traum zur Wirklichkeit

Jeder, der seinen Beruf als Erfüllung erleben möchte und der bei seiner Tätigkeit seine wahren Talente, individuellen Fähigkeiten und Vorlieben einbringen will, ist selbst dafür verantwortlich, die ersten Schritte in die richtige Richtung zu gehen. Finden Sie heraus, was Sie von Herzen gern tun möchten, und lassen Sie sich nicht entmutigen, wenn Ihnen Ihre gegenwärtigen Lebensumstände meilenweit davon entfernt erscheinen. Egal, ob Sie sich derzeit mit der Kindererziehung beschäftigen, selbstständig, angestellt oder ohne feste Arbeit sind – treffen Sie jetzt die Entscheidung, Ihren Lebenstraum nicht resigniert zu begraben, sondern sich ab sofort den Optimismus, die Tatkraft und den klaren Blick für Ihre Möglichkeiten zu gestatten. Glauben Sie unbeirrt an Ihren Traum! So werden Sie kreative Ideen entwickeln, ungeahnte Lösungen finden und neue Erfahrungswelten entdecken. Stille Freude und ein innerer Frieden werden sich in Ihnen verankern, denn Sie kommen immer mehr bei sich selbst an. Ein größeres Geschenk können Sie sich und Ihren Mitmenschen kaum machen!

Viele Menschen befürchten eines Tages unter der Last ihrer Sorgen und Verantwortung zu ersticken. Sie kümmern sich um ihre Liebsten, um Freunde, Verwandte und Bekannte, zerbrechen sich den Kopf über Kollegen und Nachbarn. Bei all diesen Gedanken übersehen sie jedoch oft das Wesentliche – ihre eigene Baustelle. Personen mit dieser hilfsbereiten Art sind sich meist nicht darüber im Klaren, dass ihre permanente Zuständigkeit für alles und jeden oft eine Alibifunktion erfüllt. Denn vor lauter Sorgen, Rennen, Machen und Tun bleibt in der Regel kaum noch Zeit, sich genügend um sich selbst und die eigenen Angelegenheiten, Wünsche und Träume zu kümmern. So gibt es immer wieder plausible Gründe, wichtige Dinge und Entscheidungen, die ausschließlich das eigene Leben betreffen, vor sich herzuschieben und nicht die Verantwortung dafür zu übernehmen. Anstatt die eigene Verantwortung, diese aber zu hundert Prozent zu tragen, bürden sie sich lieber das Fünffache an Verantwortung für fremde Belange auf. Diese Rechnung kann nicht aufgehen.

Wir dürfen es uns leichter machen. Wir haben nicht nur das moralische Recht, sondern sogar die Pflicht dazu. Stellen Sie sich vor, jeder übernimmt für sich selbst die hundertprozentige Verantwortung. Jeder würde erstmal seine eigenen Dinge so gut es geht selbst regeln, bevor er Hilfe von außen sucht oder vorschnell Schuldzuweisungen und Zuständigkeiten verteilt. So würden sich viele „Nebenkriegsschauplätze" in unserem Leben recht schnell auflösen. Ohne Frage – es wird immer wieder Situationen und Konstellationen geben, in denen der eine mehr und der andere weniger Verantwortung übernehmen kann. Aber ich bin erst dann in der Lage, mich wirklich unterstützend und nachhaltig für andere einzubringen, wenn ich gelernt habe, mich gut um mich selbst zu kümmern und rechtzeitig abzugrenzen. Sind hier die nötigen Voraussetzungen geschaffen, wird eine große Erleichterung und Freiheit spürbar. Plötzlich ist so vieles möglich und machbar, an das wir früher nicht mal im Traum zu denken wagten. Denn jetzt kümmern wir uns um Bereiche, die wirklich und ausschließlich in unserer Zuständigkeit liegen und direkt von uns beeinflusst werden können. Und dann gewinnen wir auch den Freiraum und die Energie, um völlig zwanglos und von Herzen kommend für andere da zu sein.

Viele unserer inneren Sabotageprogramme funktionieren so subtil, dass wir gar nicht merken, wenn wir uns immer wieder selbst behindern. Im Prinzip arbeiten sie ja in unserem Auftrag, denn bei den meisten Menschen ist die Scheu vor dem Erfolg noch viel größer als die Angst vor dem Versagen. Zu dumm nur, dass dies den meisten nicht bewusst ist und sie dadurch ihre Verhinderungsmuster nicht erkennen und lösen können. Manche Menschen z. B. hängen ihre Wünsche sehr hoch und malen sich deren Erfüllung extrem anspruchsvoll aus, dass es so gut wie unmöglich erscheint, diese Ziele je zu erreichen. So verschaffen sie sich, meistens völlig unbewusst, ein Alibi, um sich nicht mit der Realisierung ihrer Träume und dem tatsächlichen Erfolg auseinandersetzen zu müssen. Wer dagegen etwas bescheidener, aber dafür konsequent und beharrlich anfängt und seine Ziele zu Beginn niedriger, aber realistisch ansetzt, tut sich selbst einen großen Gefallen und wird sich bald über erste Erfolge freuen dürfen.

Vielleicht möchte jemand, statt im Büro langweilige Schreibarbeiten zu erledigen, lieber mit Kindern arbeiten und sieht sich in seinen beruflichen Wunschträumen ausschließlich als umschwärmter, erfolgreicher Kinderarzt. Bis jetzt hat er aber noch nicht mal die Voraussetzungen für ein Studium, hat zudem eine große Abneigung gegen Krankenbesuche und fällt schon beim Anblick der ersten Blutstropfen um. Vielleicht muss er in den nächsten Jahren aus familiären Gründen seine derzeitige, gut bezahlte Arbeitsstelle beibehalten. Nun kann er sich entscheiden, sich entweder weiterhin durchs Luftschlösser-Bauen von der beruflichen Unzufriedenheit abzulenken. Oder er entschließt sich, erst einmal anzutesten, wie es ihm grundsätzlich dabei geht, wenn er sich viele Stunden hintereinander mit den lieben Kleinen beschäftigt oder kranke Menschen versorgt. Dabei erhält man dann vielleicht Impulse für andere, bisher nicht bedachte Wege, die den vorhandenen Qualifikationen und Ambitionen ebenso oder sogar noch mehr entsprechen und die unter den derzeit gegebenen Umständen auch parallel gangbar wären. Und er entdeckt vielleicht, dass ein privater Kinderhort, das Betreuen von Kinderfreizeiten oder die Unterstützung kranker Nachbarn ideale Möglichkeiten bieten, um seine speziellen Fähigkeiten und Vorlieben auszuprobieren.

So gesehen, ist ein erster kleiner Schritt nicht zwangsläufig unbedeutender als die radikale berufliche Kehrtwende. Kleine Schritte ermöglichen ein Tempo, das langfristig gesehen oft den längeren Atem gibt. Hauptsache ist, Sie machen sich unverzagt auf den Weg!

Ihr persönlicher Lebensplan

Ihr persönlicher Lebensplan

Damit Sie mich richtig verstehen – ich spreche jetzt nicht von einem Zukunftsplan, den Sie akribisch genau und haarklein ausarbeiten sollen. Nein, Sie können sich beruhigt zurücklehnen. Ihr persönlicher Lebensplan verlangt keine ausgetüftelten Charakteranalysen und langwierige Begabungstests. Er offenbart sich Ihnen, sobald Sie den bisherigen Verlauf Ihres Lebens aus einem möglichst objektiven und neutralen Blickwinkel betrachten. Mit etwas Abstand werden Sie die bisherigen Wege und Umwege in einem größeren Zusammenhang sehen und die sinnvollen Erfahrungen darin erkennen. Sie können jedoch wesentlich leichter und ohne unnötige Umwege Ihr jetzt vielleicht noch unbekanntes Ziel erreichen, wenn Sie Ihre Richtung erkennen, sich vertrauensvoll in den Fluss des Lebens begeben, dabei immer konsequenter den Kurs einhalten und sich auf diese Weise mehr und mehr Lebensfreude und Erfüllung gestatten.

Versuchen Sie, den bisherigen Verlauf Ihres Lebens aus einer Art Vogelperspektive zu betrachten. Sie sehen sich als kleines Kind und erinnern sich so deutlich wie möglich an die Ereignisse und Momente, in denen Sie sich glücklich und zufrieden gefühlt haben. Wenn alles einigermaßen positiv verlaufen ist, werden Sie hier sicherlich viele wunderbare Erinnerungen entdecken. Diese Momente der Erfüllung gab es sicherlich auch später in der Schulzeit, hin und wieder waren sie vielleicht in Ihrer Ausbildung zu spüren und immer wieder gab es Tätigkeiten und Situationen, in denen Ihnen alles stimmig erschien und leicht von der Hand ging. Das waren sicherlich Situationen, in denen Sie in großer Übereinstimmung mit Ihrem Lebensplan handelten.

Jeder von uns hat seine besonderen Gaben, jeder kann etwas ganz Persönliches in die Welt einbringen – man kann dies auch als den „Geheimauftrag der Seele" bezeichnen. Geheim daher, weil die wenigsten wissen, was sie wirklich aus ihrem Innersten heraus am liebsten tun möchten. Aber es gibt ja zum Glück den Zufall, der oft nicht so zufällig ist und uns durch unerwartete Ereignisse dazu bringt, mit diesem versteckten Wunsch in Berührung zu kommen. Die untrüglichen Anzeichen dafür, hier auf der richtigen Spur zu sein, hat so gut wie jeder schon mal erlebt: Es sind diese Erfahrungen, bei denen wir etwas aus unserem tiefsten Herzen gerne getan und geleistet haben, Augenblicke, in denen uns Arbeiten spielend leicht von der Hand gingen und uns mit großer Zufriedenheit erfüllten. Es sind genau diese Momente, die Sie sich nun mit allen Sinnen wieder in Erinnerung rufen sollten.

Wenn Sie Ihr bisheriges Leben genau betrachten, werden Sie Ihren persönlichen roten Faden entdecken, es gab bestimmt auch in Ihrer Vergangenheit Situationen und Dinge, die Sie glücklich gemacht und Ihr Herz berührt haben. Egal, wobei diese Berührung erfolgte – sei es bei der Gartenarbeit, durch ein Hobby, den Umgang mit Kindern oder Tieren, auf Reisen, bei einer Forschungsarbeit, im Rahmen einer karitativen Tätigkeit etc. –, die Freude und Freiheit, die Sie dabei verspürt haben, sind der Weckruf Ihrer Seele. Zu solchen Zeiten waren Sie im „Flow", alles lief wie von selbst, Sie haben nicht mehr auf Zeit oder äußere Umstände geachtet und sind völlig in der jeweiligen Situation aufgegangen. Dieses unendlich schöne Fließen stellt sich immer dann ein, wenn Ihr Wille mit dem Wunsch und Wollen Ihrer Seele in harmonischer Übereinstimmung ist.

Sie tun sich also selbst einen großen Gefallen, wenn Sie sich an diese Momente und die damit verbundenen Gefühle zurückerinnern und gleichzeitig alle Tätigkeiten und Lebensumstände fördern, bei denen Sie sich auch heute noch rundherum glücklich und erfüllt fühlen. Sie brauchen keine Bedenken zu haben, dass Sie dadurch Ihre sogenannten Pflichten vernachlässigen können. Im Gegenteil, Sie kommen endlich Ihrer obersten Verpflichtung sich selbst gegenüber nach. Jeder von uns ist am allerbesten und inspirierend für sich selbst und andere, wenn er genau das tut, was ihm am meisten Freude bereitet und ihm leicht gelingt. Und es ist auch für unsere Mitmenschen langfristig gesehen angenehmer, dass wir gutgelaunt unseren Neigungen sprich unserem Herzen folgen, als mehr oder weniger frustriert und mühsam unsere angebliche Pflicht tun.

Schalten Sie dabei den inneren Kritiker, den wir alle mehr oder weniger in unserem Kopf haben und der uns ständig nur an Pflichten, Vorschriften und Schwierigkeiten erinnern will, mal aus. Entscheiden Sie sich jetzt zu handeln, ohne ausschließen zu können und zu müssen, eventuell eine Fehlentscheidung zu treffen. Im Prinzip gibt es doch keine Fehler, sondern nur neue Erfahrungen und neue Versuche. Geben Sie nicht auf, stellen Sie sich das Wohlgefühl und die große Zufriedenheit vor, die Sie verspüren werden, wenn Sie endlich Ihre langgehegten Bedürfnisse erfüllen und Ihre immer wieder aufgeschobenen Träume verwirklichen.

Schätzen Sie Ihre Talente

Schätzen Sie Ihre Talente

Wenn Sie jetzt immer noch glauben, dass es egoistisch sei, sich selbst zu verwirklichen und denken, es sei unmoralisch, zu viel Zeit damit zu vertun, sich selbst zum Ausdruck zu bringen, darf ich Sie mal an eine kleine Geschichte aus der Bibel erinnern. Sie kennen doch sicherlich das Gleichnis von den Talenten aus dem Matthäus-Evangelium. Wer es genau nachlesen möchte: Kapitel 25, Vers 14 bis 28.

In dem Gleichnis geht es um einen reichen Gutsherren, der verreisen wollte und vorher seine Knechte zusammenrief. Er gab jedem von ihnen eine bestimmte Anzahl Talente – dem einen fünf, dem anderen drei und dem Letzten eines. Die ersten beiden Knechte handelten mit den erhaltenen Talenten und verdoppelten dabei ihren Reichtum. Der Letzte grub sein einziges Talent lieber in die Erde ein, um es nicht zu verlieren. Als der Herr wiederkam, freute er sich über das geschickte Vorgehen seiner beiden Knechte und erhöhte ihre Stellung. Der Knecht mit dem einen Talent begründete das Vergraben des Geldstückes mit der Furcht vor Verlust und dem damit verbundenen Zorn seines strengen Herrn. Doch dieser war jetzt erst recht sehr erzürnt, weil der Knecht das Geld nicht wenigstens zinsbringend bei den Wechslern angelegt hatte, und nahm ihm auch noch das eine Talent weg.

Zu Jesu Zeiten galt ein Talent als Währungseinheit. Aber man sollte in diesem Gleichnis das Wort Talent durchaus auch im übertragenen Sinn sehen: Ein Talent ist eine Gabe oder Begabung. Es ist geradezu tragisch, wenn wir solche wunderbaren Gaben und Geschenke unbeachtet lassen oder vergraben. Jeder Mensch hat völlig individuelle, einzigartige Fähigkeiten und Begabungen. Es liegt an uns, sie zu entdecken, zu kultivieren, aktiv einzusetzen und nach Möglichkeit zu vermehren und immer feiner zu entfalten. Sie sind etwas sehr, sehr Wertvolles, wollen gehegt, gepflegt, anerkannt und gefördert werden.

Nach meiner Erfahrung gibt es keinen Menschen, der nicht wenigstens eine spezielle Stärke, ein ganz besonderes Talent hat. Jeder von uns ist einzigartig und hat etwas Unersetzliches, das er in sein Leben, in die Welt einbringen möchte

Schätzen Sie Ihre Talente

und sollte. Es gibt viele Wege und Facetten, in denen sich unsere Persönlichkeit, unser Wesen, unsere Seele ausdrücken möchte. Wenn wir dem nicht Raum geben, wird sich dies über kurz oder lang, ähnlich wie in dem biblischen Gleichnis, gegen uns selbst richten.

Jeder von uns ist eine unverwechselbare Note im großen Orchester der Menschheit. Mal ist diese Note sehr dominant, laut und deutlich für einen selbst und andere zu hören, mal klingt sie nur ganz leise und zaghaft, so dass ihre Existenz oft gar nicht wahrgenommen wird. Nicht selten kommen dann die Bemerkungen anderer über die eigenen Talente sehr überraschend, werden schnell abgewiegelt und kleingeredet. Hier fehlt es vielleicht an Selbstvertrauen, realistischen Vergleichsmöglichkeiten und Gewissheit über die tatsächlichen Chancen. Vergessen Sie darum bitte nie und erlauben Sie mir, dass ich noch mal wiederhole: Jeder Mensch ist eine ganz besondere Note mit einem ganz individuellen Klang und Ihr Leben ist das Instrument, auf dem nur Sie Ihre einzigartige Lebensmelodie zum Ausdruck bringen können! Wenn dieses Leben jedoch nicht mit Ihrem authentischen Wesen übereinstimmt, wird leider auch die Melodie immer ein bisschen schief klingen, und Sie selbst werden sich mehr oder weniger „verstimmt" fühlen. Doch wenn Sie sich Ihre individuellen, ureigensten Fähigkeiten zugestehen und beginnen, Ihre Wünsche auszuleben, wird sich eine positive Eigendynamik entwickeln. Plötzlich packen Sie immer mehr Dinge an, an die Sie sich vorher nie herangewagt hätten. Sie werden entschiedener, zielstrebiger und rundherum motivierter. Ja, Ihre Talente werden sich für Ihre Anerkennung und Zuwendung mit einer bunten, schillernden und höchstpersönlichen Lebensmusik bedanken, die immer virtuoser erklingt, je mehr es Ihnen gelingt, die optimalen Bedingungen für Ihre weitere Entfaltung zu schaffen. Diese Entfaltung wird wiederum andere inspirieren. Und so wie das Ganze stets mehr ist als die Summe aller Teile, so ist auch Ihre perfekt gespielte Lebensmusik ein wertvoller und unverzichtbarer Beitrag zum bestmöglichen Einklang des weltweiten Menschheitsorchesters.

Wie bereits erwähnt, gibt es verschiedenste Methoden, um aus Ihren vielleicht recht vielseitigen Begabungen und Interessen Ihre ganz besonderen Talente herauszufiltern. Werfen Sie diesbezüglich noch einmal einen Blick auf Ihren roten Lebensfaden, blicken Sie zurück in Ihre Kindheits- und Jugendjahre. Oder starten Sie unter Ihren Freunden und Verwandten eine kleine Umfrage zu Ihren besonderen Stärken. Sie werden erstaunt sein, wie Sie von außen gesehen werden, was man Ihnen alles zutraut und mit welchen Dingen Sie bei anderen großen Eindruck hinterlassen haben.

Oder stellen Sie sich vor, wie sich Ihr Dasein gestalten würde, wenn Sie als Tauschgeschäft für Essen, Trinken und Unterkunft persönliche Dienstleistungen erbringen müssten. Fragen Sie sich, mit welchen Fähigkeiten Sie am meisten „verdienen" könnten, wenn Sie diese Dinge des täglichen Bedarfs nur im Tausch von Tätigkeiten bekommen würden. Oder nehmen Sie sich eine Zeitlang vor, mindestens einmal pro Woche etwas völlig Neues auszuprobieren. Sie werden überrascht sein, was Sie alles über sich erfahren!

Um auf das eingangs erwähnte biblische Gleichnis zurückzukommen: Ihre Talente sind Gaben, die Ihnen ganz bestimmt nicht gegeben wurden, um sie tief in der Erde zu vergraben. Sie sind Ihnen geschenkt worden, um sie voller Begeisterung bei Tageslicht zu betrachten, sie zum Leuchten zu bringen, zu vermehren und sich und andere ein Leben lang damit zu erfreuen! Nun ist der richtige Zeitpunkt für die einzelnen Job-Rezepte gekommen. Ich wünsche Ihnen viel Spaß beim „Kochen" und „Guten Appetit" beim (Aus-)Probieren!

Kreative
Job-Rezepte

Romanheldin & Dichterfürst

Sie haben schon immer gern geschrieben, Ihre Gefühle und Fantasien mit treffenden Worten zum Ausdruck gebracht? Sie haben ein natürliches Gespür für Wortmelodie und Sprachrhythmus und es fiel Ihnen schon immer leicht, Gedichte zu lernen oder auch selbst zu schreiben? Heimlich träumten Sie schon lange davon, eines Tages „Ihr Buch" zu veröffentlichen? Dann hören Sie auf zu träumen, sondern leben Sie Ihren Traum und fangen Sie jetzt damit an!

Hauptsache, Sie schreiben

Wenn Schreiben ein Teil Ihres Selbstausdrucks und Wesens ist, werden Sie immer wieder Gelegenheiten suchen und auch finden, um sich darin zu üben. Wichtig ist nur, dass Sie sich ab jetzt nicht mehr zu weit von Ihrem Talent entfernen und wieder durch mangelnde Übung „einrosten". Testen Sie aus, wie Ihre Sprache und Ihr Ausdruck bei anderen ankommen. Heben Sie die Hand, wenn jemand gesucht wird, der ein paar nette Worte für den lieben Opa oder den freundlichen Nachbarn verfasst. Wenn Sie dann feststellen, dass Sie Ihre Mitmenschen mit Ihren Texten berühren, ihnen damit Freude machen, sie erheitern oder zum Nachdenken bringen, ist es vielleicht Zeit für den nächsten Schritt: Wagen Sie den Weg in die Öffentlichkeit.

Blog – dieser mittlerweile eingedeutschte Begriff steht für das Niederschreiben von persönlichen Gedanken in einem der Öffentlichkeit frei zugänglichen Online-Tagebuch. Wie persönlich Sie dabei sein möchten, ob Sie intimste Gefühle ausbreiten, Ihre Statements nur zu ausgewählten Themen abgeben oder ausschließlich Kochrezepte veröffentlichen, ob Sie täglich oder sporadisch schreiben – das liegt ganz bei Ihnen. Auf jeden Fall ist so ein Blog eine gute Möglichkeit, um regelmäßig in Übung zu bleiben und gleichzeitig zu erfahren, wie das Publikum auf Ihre Art, sich schriftlich zu präsentieren, reagiert. Natürlich gehört dazu auch viel Engagement, um Ihre Seiten bekannt zu machen. Manche Blogs haben regelrechten Kultstatus erreicht, sind wichtige Meinungsbildner geworden und einige haben es sogar vom Internetstatus in die Regale der Buchhandlungen geschafft.

Egal, was Sie ausprobieren: Eigeninitiative und Beharrlichkeit sollten als unverzichtbare Begleiter immer an Ihrer Seite sein. Zum Beispiel, wenn Sie Ihre freie Mitarbeit bei den Redaktionen regionaler Zeitungen oder Magazine anbieten. Vielleicht wird dort gerade am Themenschwerpunkt „Auto" gefeilt und Sie treffen mit der humorvollen Schilderung Ihrer kuriosen Erfahrungen beim TÜV genau ins Schwarze. Vielleicht können Sie mit dieser Kostprobe Bedarf für eine regelmäßige Rubrik oder Kolumne wecken, die von Ihnen geschrieben wird. Suchen Sie sich dafür Medien aus, die gut zu Ihnen, Ihren Wissensgebieten oder Ihrer Lebenssituation passen.

Wenn Sie Werbung und Marketing faszinieren und Ihnen spontan Slogans oder Ideen für einen Werbespot in den Sinn kommen, halten Sie diese Eingebungen gleich auf dem Papier fest. Formulieren Sie ein pfiffiges Anschreiben und bieten Sie dem jeweiligen Unternehmen oder den Werbeagenturen Ihre kreative Unterstützung an. Oder was hindert Sie daran, das Vortragen Ihrer Gedichte oder Geschichten als kleines, originell gestaltetes Event bei einer Firmenveranstaltung anzubieten? Vielleicht wartet eine Fertighausfirma genau auf Ihre kleine Einlage, bei der Sie als gestresster, privater Häuslebauer humorvoll Ihre kuriosen Erfahrungen schildern.

Halten Sie stets Augen und Ohren offen, wo und wie Sie Leser und Zuhörer für Ihre schriftlichen Gedankengänge erreichen können. Nur Mut – wenn Sie den ersten Schritt gewagt haben, wird sich der nächste schon viel leichter, vielleicht sogar völlig von selbst ergeben!

Training on the job
Eine weitere Möglichkeit ist es, Ihre sprachlichen Fähigkeiten in Ihre jetzigen Arbeitsstelle zu integrieren. Dabei haben Sie den Vorteil, in einem vertrauten Umfeld zu agieren und vielleicht sogar ein neues Tätigkeitsfeld innerhalb des Unternehmens zu schaffen.

Machen Sie auf Ihre Fähigkeiten aufmerksam, indem Sie z.b. bei der Verabschiedung Ihres Kollegen mit einem netten Gedicht brillieren oder die Firmenfeier mit einer originellen Weihnachtsgeschichte beleben. Oder sprechen Sie mit Ihrer Chefin über den Bedarf und die Vorteile einer internen Mitarbeiterzeitschrift, für deren Redaktion Sie sich selbstredend gleich anbieten. Ich kann Ihnen aus eigener Erfahrung versichern: Wenn Sie erst den Mut und die Eigeninitiative dazu aufbringen, werden Sie sich wundern, wie viel Offenheit Ihren Vorschlägen entgegengebracht wird.

Thema Internet: In vielen Unternehmen sind die Texte auf den Webseiten wahre Stiefkinder und werden viel zu selten geändert. Erarbeiten Sie für sich daheim einen Vorschlag zur Verbesserung und stellen Sie Ihre Ideen dann in einem günstigen Moment den jeweiligen Bereichsleitern vor. Beachten Sie dabei die Empfindlichkeiten, die jeder von uns in seinem persönlichen Aufgabenbereich hat. Vergessen Sie nicht zu betonen, dass es sich hier um einen Vorschlag und den Wunsch handelt, im Sinne des Unternehmens Ihre sprachlichen Stärken einzubringen.

Wer weiß, vielleicht ergibt sich so nach und nach die Möglichkeit, eventuelle ungeliebte Buchhaltungsaufgaben gegen eine Arbeit zu tauschen, die Ihnen wesentlich mehr liegt und Spaß macht und die dem Unternehmen damit unterm Strich auch viel mehr dient.

Der Traum vom eigenen Buch

Manchmal ist das Zupapierbringen eigener Gedanken oder persönlicher Erlebnisse schon Selbstzweck genug. Manchmal sollte dies vielleicht nur aus reinen Übungs-, Erkenntnis- oder Therapieeffekten geschehen. Wer weiß, zu welchen anderen Anlässen Sie noch gern auf diese Aufzeichnungen zurückgreifen werden. Spätestens für Ihre Kinder oder Enkel wird es spannend und aufschlussreich sein, auf diese Weise Ihre bisher unbekannten Seiten kennen zu lernen. Möchten Sie jedoch lieber auf das „posthum" verzichten und verbinden mit dem Schreiben auch den Wunsch einer Veröffentlichung, sollten Sie das gleich zu Beginn einplanen und berücksichtigen.

Dabei ist es hilfreich, sich zuerst ein klares Konzept über Inhalt und Aufbau Ihrer Buchidee zu machen. Dann setzen Sie sich einen ungefähren Zeitrahmen, überlegen sich praktische, sinnvolle Wege zur Recherche und legen regelmäßige Zeiten fest, um an Ihrem Projekt zu arbeiten. Zeitliche Lücken und Nischen lassen sich immer finden, es muss Ihnen selbst nur wichtig genug sein. Verteidigen Sie beherzt diesen Freiraum – schließlich sind Sie mittendrin in Ihrer wichtigen Autorenarbeit! Mit PC und Laptop stehen uns wunderbare Hilfsmittel zur Verfügung. Da lässt sich ein kreativer Schub auch an der frischen Luft und mitten auf der Wiese oder mal zwischendurch im Urlaub nutzen. Grundsätzlich ist es hilfreich, immer einen kleinen Notizblock dabeizuhaben. Sie werden feststellen, dass es mit dem Schreiben ähnlich wie beim Sport funktioniert: Wenn Sie erst mal warm geschrieben sind, läuft es mit der Zeit wie von selbst und die Inspiration kommt gar nicht mehr zum Stillstand.

Bei der Suche nach dem passenden Verlag sollten Sie sich vorher gründlich mit dessen Angebotsspektrum beschäftigen. Wenn Sie nach sorgfältiger Recherche zu dem Schluss kommen, dass sich Ihre Idee, Ihr Thema wunderbar einfügen würde, teilen Sie diese Einschätzung und die Gründe gleich plausibel erklärt in Ihrem Anschreiben mit. Bei manchen Themen macht es Sinn, nicht erst das ganze Buch von A bis Z zu Ende zu schreiben, sondern zu Beginn nur eine Übersicht in Form eines Exposees sowie ein, zwei Probekapitel zu verfassen. Die Verlagsmitarbeiter sind Profis, die Ihnen durch ihre jahrelangen Erfahrungen eventuell gern Tipps geben, ob der bisherige Tenor Ihres Werkes auch publikumswirksam „daherkommt". Halten Sie sich bei der Einsendung Ihres Manuskriptes an die Wünsche des jeweiligen Verlages. Die Anforderungen sind meist auf der Homepage genau beschrieben. Nehmen Sie jedoch nach Möglichkeit unmittelbar vor der Zusendung kurz telefonischen Kontakt mit dem Lektorat auf. So kommen Ihre Unterlagen nicht völlig unverhofft und die Mitarbeiter verbinden damit eventuell gleich Ihr interessantes Themenangebot oder zumindest Ihre freundliche Stimme am Telefon.

Und last but not least: Auch wenn Ihr Herzblut an jeder Zeile hängt und es vielleicht sehr lange dauert, bis überhaupt eine Antwort geschweige denn Zusage kommt – glauben Sie an Ihre Vision und lassen Sie sich ja nicht entmutigen! Auch die weltweit meist verdienende Autorin, Joanne K. Rowling, Schöpferin des Zauberers Harry Potter, musste viele Absagen und Rückschläge über sich ergehen lassen. Sogar noch nachdem ihr erstes Manuskript von einem Verlag angenommen wurde, riet ihr derselbe Verlag, sich doch wieder eine Stelle zu suchen, da man von Kinderbüchern allein nicht den Lebensunterhalt bestreiten könne. Das Ende dieser sensationellen Geschichte kennen Sie bestimmt: Inzwischen wurden die Harry-Potter-Romane in rund 70 Sprachen übersetzt und weltweit mehr als 400 Millionen Exemplare verkauft!

Gedichte für jedermann
Reimen Sie gern oder schreiben bevorzugt Gedichte, können Sie Ihre Begabung auch als Unterstützung für Leute anbieten, die sich da etwas schwerer tun. Egal ob Geburtstage, Hochzeiten oder sonstige Jubiläen – bei den vielen Vorbereitungen zu solchen Festen ist man froh, wenn es einem jemand abnimmt, passend zum Anlass ein paar nette Worte zu finden. Sie brauchen dafür nur einfache, ansprechend gestaltete Handzettel, auf denen Sie Ihre Dienste, am besten gleich in gereimter Form, anbieten. Solch eine liebevoll gestaltete Einladung, ein gereimter Lebenslauf oder ein gedichtetes Dankschreiben sind besondere Geschenke, die viel Freude machen und einen bleibenden Eindruck hinterlassen.

Bevor Sie sich jetzt gleich mit dem Rezept „Rhyme Line" befassen, gestatten Sie mir noch den Hinweis auf eine Erweiterung dieser Idee. Sie könnte zwar genauso gut in das Kapitel „Kindernärrin & Seelentröster" passen, aber weil es dafür vor allem erforderlich ist, Gefühle und Ereignisse in stimmige Worte fassen zu können, ergänze ich sie lieber hier. Vielleicht kennen Sie ja den Spruch: „Es gibt Momente im Leben, da spricht das Herz leichter durch einen fremden Mund." Als Trauerredner machen Sie genau das. Ihr Kopf denkt für andere, die gerade viel zu belastet sind, und Ihr Mund spricht für die, deren Stimmen vor lauter Tränen versagen würden. Ebenso wie beim Gedichteservice gehört dazu vor allem, sich dem Wesen und dem Lebensweg des Verstorbenen durch Schilderungen der Angehörigen intensiv zu öffnen. Auf diese Weise wird bei Ihrer Rede vor den inneren Augen der Trauergäste ein lebendiges Erinnerungsbild entstehen. Diese Arbeit erfordert sehr viel Feingefühl, psychische Belastbarkeit sowie die Bereitschaft, sich mit den Themen Abschied und Tod zu befassen. Im Resultat ist sie jedoch ein wahrhaftiger Dienst am Nächsten und wird mit Sicherheit auch sehr viel zu Ihrer eigenen Bereicherung beitragen.

Job-Rezept „Rhyme Line"

Viele Menschen suchen im Zuge der stressigen Vorbereitungen für eine Hochzeit, ein Firmenfest oder einen großen Geburtstag händeringend jemanden, der die Zeit und das Talent hat, ein passendes Gedicht für die Feierlichkeiten zu verfassen. Wenn Sie bedenken, wie viele Kosten mit solch einem Fest verbunden sind, können Sie sicher davon ausgehen, dass ein stimmig formuliertes, den Wünschen der Auftraggeber entsprechendes künstlerisches Werk auch angemessen honoriert wird. Meine eigenen Erfahrungen haben mir dies immer wieder bestätigt. Zudem bleiben Sie dichterisch in Übung, die mit Ihren Versen bedachten Personen werden sich sehr geehrt fühlen und sich noch lange an die schönen Worte erinnern. Und vielleicht hängt Ihr Werk sogar für viele Jahre liebevoll gerahmt über der Wohnzimmercouch – gleich neben dem Regal mit Goethes gesammelten Werken! Also, wenn das kein Anreiz ist ...

Voraussetzungen
- Gutes sprachliches Ausdrucksvermögen
- Gefühl für Sprachrhythmus
- Sichere Grammatik und Rechtschreibung
- Einfühlungsvermögen und Freude am zwischenmenschlichen Austausch
- Wenn möglich eigener PC und Drucker
- Kenntnisse in einem gängigen Schreibprogramm
- Etwas Geschick und Geschmack für äußere Gestaltung und dekorative Wirkung

Werbemittel

Auf einem kleinen Handzettel (Format je nach Geschmack und Textumfang), den Sie mit einem einfachen Schreibprogramm und kleinen Gestaltungstricks selbst am Computer erstellen können, geben Sie Ihre Adresse und Telefonnummer an. Wenn Sie Ihre Dienstleistung passender Weise in Gedichtform vorstellen, haben die Kunden gleich einen Eindruck von Ihrem persönlichen Stil und erkennen, dass sie ihren Auftrag in erfahrene Hände geben.

Zielgruppe/Werbeumfeld

Gebrauchen kann diese Dienstleitung zu den verschiedensten Anlässen des Lebens eigentlich jeder. Besonders gut geeignet für die Auslage der Werbezettel sind Schreibwarengeschäfte, Geschenkartikel- und Blumenläden sowie Gasthöfe und Hotels, die bevorzugt für große Familien- oder Firmenfeste gebucht werden. Wohnen Sie in ländlicher Umgebung, ist es sehr hilfreich, die Zettel persönlich in den Geschäften Ihrer Wohngegend zu verteilen und vorher Ihre Dienstleistung kurz vorzustellen. Hier kennt noch jeder jeden – und wenn beim Plausch mit einer Kundin das Gespräch auf ein anstehendes Familienfest kommt, wird man sich Ihrer erinnern und Sie vielleicht sogar gleich empfehlen. Nutzen Sie diesen praktischen Werbeeffekt einer kostenlosen und gleichzeitig unbezahlbaren Mund-zu-Mund-Propaganda für Ihr Angebot. Es ist auch sinnvoll, ein paar Zettel in der Bankfiliale, der Poststelle oder in der Gemeindeverwaltung zu hinterlegen bzw. ans Schwarze Brett zu heften.

Und wie bei allen Dingen, die Sie gut und gern machen: Informieren Sie auch Ihre Verwandten, Freunde, Bekannten und Kollegen über Ihre neue Tätigkeit. Gerade Menschen, die Ihnen nahestehen und mit denen Sie regelmäßig Kontakt haben, werden Ihr Angebot schätzen und bei Bedarf gern in Anspruch nehmen oder weiterempfehlen.

Kundenservice

Wenn Ihre Werbemaßnahmen Erfolg zeigen und sich jemand wegen eines Gedichtes an Sie wendet, sollten Sie beim Kundengespräch (telefonisch oder persönlich) einige wichtige Fragen stellen und sich sofort Notizen machen:
- Für welchen Anlass wird das Gedicht gewünscht?
- Bis wann muss es fertig sein?
- Wie alt ist die Person, der es gewidmet wird?
- Gibt es ein besonderes Geschenk, auf das Bezug genommen werden sollte?

Oft geht es darum, eine kleine persönliche Biographie in Reimform zu erstellen, die Liebesgeschichte eines Hochzeitspaares zu verewigen, beim einem Firmenjubiläum auch die Historie des Unternehmens einzubinden, eine Geburtsanzeige möglichst originell zu gestalten etc. Hier sind gutes Zuhören und erhellende Zwischenfragen notwendig, um sich ein umfassendes Bild von der zu „bedichtenden" Person zu machen. Eventuell vereinbaren Sie ein Zweitgespräch und lassen Ihre Auftraggeber im Freundes- und Verwandtenkreis der zu bedichtenden Person nach Anekdoten, wichtigen Daten und Ereignissen forschen. Je umfangreicher diese Hintergrundinformationen sind, umso mehr „Futter" haben Sie beim Dichten. Bevor Sie dann Ihr Werk in die Endversion bringen und ausdrucken, sollten Sie den Inhalt telefonisch vortragen, um sicherzugehen, dass Sie keine Fakten verwechselt oder wesentliche Punkte vergessen haben.

Wird das Gedicht bei der Feier laut vorgelesen und anschließend überreicht, besorgen Sie sich am besten verschiedene hochwertige Papierbögen in einem gut sortierten Schreibwarengeschäft. Mit einem einfachen Word-Programm können Sie Ihre Texte schreiben, in das passende Format und eine gut lesbare Schriftgröße bringen und das Ganze auch noch schön gestalten oder mit Bildern ergänzen. Wenn Sie gestalterisches Talent haben, können Sie das Gedicht gleich wie ein richtiges Geschenk verpackt und gegen angemessenen Aufpreis sehr dekorativ als Bilderrahmen, Collage und/oder handschriftlich verfasst gestalten. Eventuell hat Ihr Kunde auch schon eigene Glückwunschkarten, die er selbst verschicken möchte. In diesem Fall ist ihm mit dem reinen Text, am besten schon in Schrift und Form dem Kartenformat angepasst und dann per E-Mail übermittelt, gut gedient.

Versuchen Sie, Ihren persönlichen Zeitaufwand einigermaßen realistisch abzuschätzen, und nennen Sie Ihren Kunden als Anhaltspunkt für die Kosten einen festen Stundensatz und die ungefähre Arbeitszeit. Und bitte keine Scheu, hier einen angemessenen Preis zu nennen! Denken Sie an den **9-Punkte-Wegweiser** und anerkennen Sie auch den materiellen Wert Ihrer Arbeit! Wer viel Zeit, Mühe und Geld in das Gelingen eines großen Fests investiert, wird bereit sein, auch Ihren Beitrag entsprechend zu honorieren.

Beispiel für einen Anzeigentext
Als ergänzende Werbemaßnahmen kann es sich lohnen, Ihren Service zusätzlich zu den Werbezetteln im Anzeigenteil regionaler Zeitungen, Wochen- oder Gemeindeblätter mit einem kurzen Fließtext anzubieten – am besten gleich bei den Hochzeitsanzeigen oder Geburtstagsgratulationen. In jedem Fall sollte Ihre Anzeige sofort klar erkennen lassen, welchen Nutzen die Leser von Ihrem Service haben. Hier gleich ein Beispiel für Sie:

Gedicht-Service

Große Feier, viel Gerenne,
gibt's denn niemand, den ich kenne,
der mir ein paar Zeilen dichtet?
Weil doch niemand gern verzichtet,
auf Gäste, Häppchen, Sekt und Torte
und ein paar ehrenvolle Worte!
Doch halt, jetzt gibt es eine Nummer,
die hilft heraus aus diesem Kummer:
Rhyme Line · Tel. ...

Nun dürfen Sie entscheiden: Wollen Sie gleich loslegen oder erst noch etwas weiter lesen und sich von den nachfolgenden Job-Rezepten inspirieren lassen?

Showgirl & Pantomime

Haben Sie als Kind bei jedem Zirkusbesuch oder in Fernsehshows die Seiltänzerinnen, Trapezkünstler und Jongleure bewundert und wären Sie gern an deren Stelle gewesen? Oder haben Sie sich ausgemalt, wie es wäre, wenn Sie wie der lustige Clown mit der Knollennase andere zum Lachen bringen könnten? Hatten Sie auch in späteren Jahren Spaß am Verkleiden oder Freunde mit komödiantischen Einlagen unterhalten? Lockt es Sie auch jetzt noch, in andere Rollen zu schlüpfen und Ihr Publikum in den Bann zu ziehen? Genießen Sie die Lust an der Maskerade und die Freude am Schauspiel, betrachten Sie es als Herausforderung, in eine andere Haut zu schlüpfen? Können Sie die Gefühle anderer Menschen nachempfinden und die Herzen Ihrer Zuschauer berühren? Dann wird es Zeit, dass Sie Ihre Talente entfalten und sich selbst und andere damit erfreuen!

Von ersten kleinen, privaten Auftritten bis zum Staatstheater oder der Oscarverleihung gibt es viele Zwischenstufen. Sie werden schnell von selbst herausfinden, wie viel Platz Sie der neuen Betätigung in Ihrem Privatleben oder im Beruf einräumen möchten. Ihre Freude am Spiel, die Anerkennung beim Publikum und der finanzielle Erfolg werden Ihre Gradmesser sein, um stets neu zu überprüfen, ob Sie diesen Weg noch ein Stückchen aufwärts gehen, auf der bestehenden Stufe stehen bleiben oder Ihr Engagement vielleicht wieder etwas zurückschrauben möchten. Aber dies alles lässt sich natürlich nur feststellen, wenn Sie sich auch tatsächlich „auf die Socken machen"!

Finden Sie Ihre Rolle

Wenn es Ihnen Freude macht, andere zum Lachen zu bringen oder mit künstlerischen Einlagen zu unterhalten, können Sie sich fürs Erste bei Kindergeburtstagen, Vereins- oder Firmenfesten, bei Geschäftseröffnungen oder Privatpartys ausprobieren. Kreieren Sie Ihre eigene Rolle und ein individuelles Kostüm, schneidern Sie sich beides sozusagen selbst auf den Leib.

Sind Sie eher der zurückhaltende Typ, der die Aufmerksamkeit mehr auf die vorgetragenen Texte legt, können Sie z. B. als Märchenfee oder Geschichtenerzähler auftreten und Ihr Repertoire vor Jung wie Alt vortragen. Schon mit einfachstem Beiwerk lässt sich große Wirkung erzielen. Begeistern Sie sich für Märchen aus „Tausend und einer Nacht", werden verführerische Raumdüfte, ein exotisches Kostüm, passende Dekorationen wie große Kissen und orientalische Lampen und kulinarische Leckerbissen aus dem Morgenland Ihre Darbietung sinnlich umrahmen. Auch die Umgebung ist wichtig. Suchen Sie sich ein altes Gewölbe, einen Wein- oder Bierkeller in Ihrer Umgebung und bringen Sie z. B. mit Flötenklängen und ein paar Schellen an Narrenkappe und Fußknöcheln mittelalterliches Flair in Ihre Vorstellung. In der freien Natur, auf einer Waldlichtung, vor einer Schlosskulisse, flackerndem Lagerfeuer oder einem stillen See gehen manche Geschichten erst so richtig unter die Haut.

Wie jemand privat wirkt oder auftritt, hat oft gar nichts mit den Rollen zu tun, für die er sich bei seinen Auftritten entscheidet. Bestimmt haben Sie auch schon von berühmten Komikern gehört, die privat eher mürrische, humorlose Zeitgenossen sind. Und schon manches Mauerblümchen wurde auf der Bühne plötzlich zum mitreißenden Glamourgirl. Wen wundert's – bieten doch Theater und Schauspiel ideale Möglichkeiten, um nicht ausgelebten Persönlichkeitsanteilen endlich mehr Ausdruck zu geben. Visualisieren Sie sich vor Ihrem inneren Auge in verschiedenste Rollen hinein. Hinter welcher Maske würden Sie sich gerne verstecken bzw. welche würden Sie liebend gern einmal ablegen? Im Bühnenspiel ist vieles möglich, was Sie sich privat nie gestatten würden. Also nur Mut – und legen Sie sich nicht unnötig bzw. zu früh fest, denn Sie wissen ja noch gar nicht, wie facettenreich Sie sind!

Von der Gruppe getragen
Wenn es Ihnen zu gewagt erscheint, sich gleich zu Beginn als Solokünstler zu präsentieren, schließen Sie sich am besten zuerst einer Künstlergruppe bzw. Kleinkunstbühne an. So können Sie Ihre schauspielerischen Talente in Ihrer Freizeit z. B. in einer Laienschauspielgruppe einbringen. Hier wird oft händeringend

nach neuen Ensemble-Mitgliedern Ausschau gehalten und Ihre Nachfrage sicherlich begeistert aufgenommen. Unterschätzen Sie dabei nicht das Engagement der Laienschauspieler. Hier wird fleißig geübt und Sie werden feststellen, dass die Proben vor den Aufführungen sehr zeitintensiv sind. Doch die Gruppenerfahrungen und der Spaß bei den Aufführungen werden Sie für vieles entschädigen.

Öffentliche Bildungsträger, wie z. B. Volkshochschulen und Kulturzentren, sowie kleinere Bühnen, Zirkusschulen und Künstlerakademien bieten Schnupperwochenenden, Ferienkurse bzw. Grundlagenkurse für Theater, Schauspiel oder Kabarett an. Es gibt sogar Reiseanbieter, die von Destinationen im hohen Norden über Kreuzfahrtschiffe bis hin zu südlichen Gefilden vielfältigste Urlaubsideen anbieten, um ihre Gäste einmal unbeschwert in andere Rollen schlüpfen und schauspielerische Talente ausprobieren zu lassen – neue Kontakte zu Gleichgesinnten gleich inklusive. Vielleicht inspirieren Ihre Gruppenerlebnisse Sie so stark, dass Sie danach Lust verspüren, eine eigene Theatergruppe ins Leben zu rufen. Welchen Weg Sie auch einschlagen – ein Erlebnis wird zum anderen führen und sich dadurch Stück für Stück das zu Ihnen passende Genre sowie Ihr individuelles Künstlerprofil herauskristallisieren.

Training on the job

Schauspielerischen Ambitionen am Arbeitsplatz Ausdruck verleihen? Damit keine Missverständnisse aufkommen, ich spreche hier natürlich nicht von Mitarbeitern, die ihren Chefs einen nicht vorhandenen Arbeitseifer vorgaukeln oder vor Kollegen falsche Rollen spielen. Und sicherlich würde es Ihr Arbeitsumfeld – außer zu Karnevalszeiten – auch etwas befremden, wenn Sie plötzlich im historischen Gewand vor dem Computer säßen.

Aber da gibt es ja noch diverse Firmenfeste, Betriebsausflüge und Weihnachtsfeiern, die sich für eine künstlerische Einlage anbieten. So wird es mir unvergesslich bleiben, wie liebe Kollegen im klassischen Dreigespann als Knecht Ruprecht, Nikolaus und Christkind unsere Firmenweihnachtsfeier mit einem kleinen Schauspiel und liebevoll vorbereiteten Texten bereicherten. Genauso passend zur Auflockerung einer Betriebsfeier kann auch eine kleine Showeinlage mit Bauchtanz, Schauspiel oder Jonglierkünsten sein.

Vielleicht lassen sich auch noch andere Kollegen von Ihrer Begeisterung anstecken und Sie rufen damit eine firmeninterne Theatergruppe ins Leben. Vielleicht bekommen Sie beim nächsten Firmen-Workshop die Erlaubnis, betriebliche Abläufe bzw. Problematiken in Form humorvoll inszenierter Fallstudien ins Zentrum der Aufmerksamkeit zu rücken. Oder, oder, oder ... Wie weit Sie sich hier vorwagen, liegt ganz an Ihrem Mut und Einfallsreichtum sowie natürlich auch an der Offenheit Ihrer Vorgesetzten, Kollegen oder Mitarbeiter.

Vom Hinterzimmer zum Broadway
Ob Sie sich nun in einer Schauspielschule einschreiben oder Ihre Pantomimenrolle im stillen Kämmerlein nur für sich allein einstudieren – Sie benötigen in jedem Fall Platz und Ruhe für Ihre privaten Proben. Doch nicht jede Wohnung ist groß genug, um gänzlich unbehelligt von neugierigen Blicken einen Auftritt zu üben. Aber vielleicht lässt sich ja ein ungenutzter Keller- oder Aufenthaltsraum passend umgestalten oder es bietet sich in der Nachbarschaft Freiraum für Ihre Ambitionen. Wenn Sie mit dem Ergebnis Ihrer Proben zufrieden sind, kann es im zweiten Schritt sehr hilfreich sein, vor der Premiere eine Privatvorstellung für wohlwollende Freunde und Bekannte zu geben. So können Sie Ihre Publikumswirkung testen und erhalten vor der ersten öffentlichen Bewährungsprobe den einen oder anderen hilfreichen Tipp. Grundsätzlich fühlt sich sowieso jeder Auftritt völlig neu und anders an, aber mit jedem Ausprobieren wachsen Sicherheit und Erfahrung. Machen Sie sich danach am besten gleich schriftliche Notizen, was Sie unbedingt noch verändern oder ergänzen möchten.

Wählen Sie Ihre Bühne gut aus. Ihre Auftritte werden umso wirkungsvoller, je mehr das Ambiente der Umgebung mit Ihrer Darbietung korrespondiert. Shakespeare-Rezitationen wirken in einer gepflegten Parkanlage wahrscheinlich authentischer als in einem alten Fabrikgebäude. Aber dieses wäre dann wiederum die passende Kulisse für eine Feuershow oder ein modernes Tanztheater.

Wenn Sie Ihre Kunst für Vereins- oder Firmenevents anbieten, beantwortet sich die Frage nach der Örtlichkeit meist von selbst und ist in der Regel vorgegeben. Und vielleicht ergibt es sich ja eines Tages, dass Sie sich gar nicht mehr selbst um Ihre Bühnenauswahl kümmern müssen, sondern nur noch über Gagen verhandeln und sich großzügig zu einem Broadway-Engagement überreden lassen ...

Das Publikum ist Ihr Boss

Sie selber wissen am besten, ob Ihre Vorliebe eher dem tragischen oder dem komödiantischen Fach gehört oder ob Sie die bunte Mischung bevorzugen. Vielleicht haben Sie schon eine Figur entdeckt oder einen Charakter geschaffen, mit dem Sie sich rundum identifizieren können, in dem Sie mit Leib und Seele aufgehen und den Sie nun ins rechte Licht rücken möchten. Bei der Gestaltung Ihrer Solo-Vorstellung für einen öffentlichen Auftritt sollten Sie aber neben Ihrer Fantasie und Fabulierkunst, neben der Freude am Theaterspiel oder der künstlerischen Vorführung auch stets die Interessen Ihrer Zuschauer im Blick haben.

Ein amüsiertes, ergriffenes, berührtes – kurzum ein bestens unterhaltenes – Publikum wird sich mit viel Applaus bedanken, der mit Recht das Brot des Künstlers genannt wird. Eine Vorstellung, über die mit Begeisterung und Hochachtung gesprochen wird, ist die beste Werbung, die Sie bekommen können. So schnöde es in Verbindung mit der Kunst klingt, aber auch hier kommen die einfachen Gesetze des Marketing zum Tragen: Egal, ob Sie direkt vom Publikum über Eintrittsgelder oder von einem einzelnen Auftraggeber bezahlt werden, die Zuschauer erwarten für ihr Geld oder die investierte Zeit stets eine gelungene Ablenkung vom Alltag. Stimmt das „Kosten/Nutzen-Verhältnis", dürfen Sie auch mit guter Mundpropaganda rechnen. Je besser Ihnen dies gelingt, unabhängig davon, ob Sie Ihr Publikum eher zum Lachen oder zum Nachdenken anregen, umso mehr werden Sie in guter Erinnerung bleiben. Kommt Ihr Auftritt bei Ihren Gästen gut an, wird sich dies über kurz oder lang auch mit positiven Kritiken in den Medien spiegeln. Und dazu zählen durchaus auch ein paar freundliche Worte im örtlichen Wochenblatt.

Vom ersten Ausprobieren vor dem engsten Freundeskreis über kurze Auftritte vor kleiner Zuschauerzahl auf diversen Kleinkunstbühnen bis zur ersten großen Bühnenshow werden sich Ihnen viele Gelegenheiten bieten, Ihren Draht zum Publikum zu spannen, genau zu erspüren, wann Sie es in Ihren Bann gezogen haben und wann der Kontakt wieder abbricht. Darum sollten Sie, unabhängig von der Gage, jede Gelegenheit nutzen, die es Ihnen ermöglicht, Ihre Künste öffentlich zu präsentieren.

Passend dazu beinhaltet das nächste Job-Rezept einen Kurzauftritt, der sich so gut wie überall und zu jeder Gelegenheit darbieten lässt. Also ein ideales Experimentierfeld und ein guter Einstieg für Ihre künftige Bühnenkarriere!

Job-Rezept „10-Minuten-Oper"

Nun haben Sie also Ihre Rolle gefunden. Egal, ob Sie einen männlichen oder weiblichen Part übernehmen, ob Sie eine bereits bekannte Figur kopieren oder einen völlig neuen Charakter kreieren, bei der 10-Minuten-Oper ist es ähnlich wie im Deutschunterricht mit den Aufsatzregeln: Einleitung: Spannung aufbauen – Hauptteil: Spannung halten – Höhepunkt: Spannung entlädt sich im fulminanten Schluss. Und fertig ist die Oper!

Sie können dabei auf bereits bestehende klassische Texte in unveränderter Form zurückgreifen oder diese Stücke individuell verändern, dem Zeitgeist anpassen, humorvoll aufpeppen etc. Je bekannter das Herkunftsstück ist, umso eher wird Ihr Publikum die Parallelen bzw. Persiflage nachvollziehen. Oder Sie erfinden ein völlig neues Stück und schreiben Ihre eigenen, individuellen Texte, Reime oder Noten. Auch eine rein pantomimische Darstellung mit oder ohne passende musikalische Umrahmung kann sehr wirkungsvoll sein. Wichtig ist nur, dass Sie stets die Dramaturgie „Einleitung – Hauptteil – Schluss" beachten. Denn ein verwirrtes Publikum, dass sich ratlos fragt: „Was wollte uns der Künstler damit sagen?", wird Sie nicht unbedingt mit dem Applaus überschütten, der für Sie gerade zu Anfang so wichtig ist!

Voraussetzungen
- Fantasie, Kreativität und Originalität
- Einfühlungsvermögen in andere Charaktere
- Gutes Erinnerungsvermögen für Bühnentexte
- Improvisationstalent und Talent zur Selbstdarstellung
- Spaß am Spiel und Freude am öffentlichen Auftritt
- Mimisches, sprachliches und körperliches Ausdrucksvermögen
- Geübte Sprech- und Atemtechnik
- Kritikfähigkeit, Selbstbewusstsein und Durchhaltevermögen
- Bereitschaft zum Eigenmarketing

Ausstattung
Ihr Bühnenkostüm hängt ganz von Ihrer Rolle ab. Je mehr Ihr Kostüm und die Dekoration mit Ihrer Vorstellung harmonieren und je wohler Sie sich darin fühlen, umso überzeugender werden Sie bei den Zuschauern ankommen. Und das hängt in erster Linie von Ihrer Fantasie und Kreativität sowie von guter Vorbereitung und weniger von den finanziellen Mitteln ab. Stöbern Sie auch mal in einem Theaterfundus. Hier haben Sie meist sogar die Wahl zwischen Kaufen und Ausleihen.

Vorbereitende Maßnahmen
Wie bereits erwähnt, ein Raum zum ungestörten Üben, wenn möglich noch mit einem großen Spiegel ausgestattet, ist für Ihre Vorbereitungen so gut wie unentbehrlich. Eventuell kann Ihnen neben dem ultimativen Test im Freundeskreis auch ein paar Stunden Profi-Unterricht in Stimmbildung und Atemtechnik zusätzliche Sicherheit geben.

Es kann hilfreich sein, regelmäßig Live-Auftritte von bereits erfolgreichen Künstlern zu besuchen, die in dem von Ihnen angestrebten Genre tätig sind. Vielleicht ergibt sich dabei die Gelegenheit, diese Meister ihres Fachs persönlich zu sprechen und auf diese Weise Impulse zu bekommen. Doch schon allein beim Zusehen können Sie viel lernen und einem Profi in die Karten schauen – die Eintrittsgelder werden sich also in jedem Fall für Sie auszahlen.

Kreative Job-Rezepte

Zielgruppe/Werbeumfeld
Informieren Sie ortsansässige Vereine, Ihre Stadt oder Gemeinde über Ihr Angebot und lassen Sie sich bei regionalen Künstler- bzw. Event-Agenturen einschreiben oder geben Sie eine Setkarte ab. Halten Sie die Augen offen, welche Unternehmen demnächst Jubiläen haben bzw. lassen Sie den von Ihnen bevorzugten Firmen ein unangefordertes Angebot zur Bereicherung des nächsten Firmenevents zukommen. Mit ein paar Firmenanschreiben, Aushängen am Schwarzen Brett, Kleinanzeigen, Einträgen in den meist kostenlosen Veranstaltungskalendern, mit der Verteilung von Handzetteln und vor allem mit viel Mundpropaganda können Sie Ihr Angebot ohne großen Kostenaufwand bekannt machen. So testen Sie mit Ihrer ganz speziellen „10-Minuten-Oper" ohne nennenswerte Ausgaben, wie es sich anfühlt, vor Publikum aufzutreten. Mit der Zeit kann daraus ein lukrativer Nebenerwerb entstehen. Und vielleicht kommt eines Tages tatsächlich noch die große Karriere in Sichtweite.

Spezialservice für Ihre Gäste
Hat das Unternehmen, welches Sie nun hoffentlich gebucht hat, eventuell Werbeartikel, sogenannte Give-Aways, zu verteilen? Dann bitten Sie doch darum, ob Sie die Verteilung in Ihre Show oder deren Abspann integrieren dürfen. So haben Sie die Möglichkeit, direkt mit dem Publikum in Kontakt zu kommen, beim Verteilen Ihre eigenen Visitenkarten unter die Leute zu bringen und damit auch gleichzeitig Ihrem Auftraggeber einen zusätzlichen Dienst zu erweisen. Liegt das „Aufpeppen" der Visitenkarten ganz in Ihren Händen, kleben Sie doch einfach ein kleines Schokoladentäfelchen auf jede Karte – so eine süße Verführung wirkt immer. Oder präparieren Sie damit Papierblüten, die Sie nach Ihrer gelungenen Vorstellung ins Publikum werfen. Dafür gibt es praktische Klebepunkte aus Silikon, so wird Ihr Kärtchen beim Entfernen der Schokolade oder der Blüten nicht beschädigt. Oder gehen Sie mit dem Hut herum, sammeln Sie imaginäre Münzen ein und verschenken Sie dafür mit charmantem Lächeln oder Handkuss ein Visitenkärtchen.

Kreative Job-Rezepte

Beispiel für ein Firmenanschreiben
In dem nun folgenden Vorschlag für einen wirksamen Werbebrief gehe ich davon aus, dass Sie ein Unternehmen anschreiben, um mit Ihrer Darbietung eine Bereicherung der nächsten Firmenveranstaltung anzukündigen. Der Brief ist möglichst neutral gestaltet, so dass Sie ihn mit geringfügigen Mitteln an jeden Anlass sowie an jedes Unternehmen bzw. Produkt, aber auch an völlig andere Adressaten wie z. B. Vereine oder Stadtverwaltungen anpassen können.

Vorweg noch eine kleine Empfehlung: Klären Sie mit einem kurzen Telefonat ab, ob das von Ihnen anvisierte Unternehmen überhaupt Veranstaltungen (egal ob intern oder extern) durchführt und wenn ja, wann und wo dies demnächst der Fall sein wird. Bringen Sie nach Möglichkeit den direkten Ansprechpartner dafür in Erfahrung und notieren Sie sich den Namen des Mitarbeiters, der Ihnen diese Auskünfte gegeben hat. Je mehr Fakten Sie kennen, umso detaillierter können Sie Ihr Angebot gestalten und vermeiden den Eindruck, einen Massenbrief zu versenden.

Nach Versenden Ihres Werbebriefes sollten Sie ca. 5 bis 7 Tage vergehen lassen und dann kurz telefonisch nachfragen, ob Ihr Schreiben an der richtigen Adresse angekommen ist. Erinnert man sich an Ihren Brief, sollten Sie, sofern es die Gesprächsbereitschaft und Offenheit Ihres Ansprechpartners zulässt, gleich nachfragen, ob Ihr Angebot für ihn interessant ist. Wenn ja – Bingo! Wenn vielleicht – dann braucht das Unternehmen eventuell etwas mehr Zeit, um sich eine Meinung zu bilden. In diesem Fall können Sie sich freundlich erkundigen, ob Sie in ein paar Tagen (am besten einen konkreten Termin nennen) nochmals nachfragen dürfen. Wenn nein – nur nicht entmutigen lassen! Sie haben doch noch mehr Eisen im Feuer und sicherlich nicht nur eine Firma angeschrieben ... Und nun zum Anschreiben:

Sehr geehrte/r Frau/Herr...,

kennen Sie das – schon wieder steht Weihnachten vor der Tür und trotz aller guten Vorsätze sind auch dieses Jahr noch viele wichtige Vorbereitungen unerledigt? Ein kleiner Trost für Sie: So wie Ihnen geht es über zwei Dritteln aller Deutschen! Ein großer Trost für Sie: Wenn Sie diesen Brief gelesen haben, könnte sich ein wesentlicher Bestandteil Ihrer Planungen geklärt haben!

Wie das gehen soll? Ganz einfach: Wie ich von Ihrer freundlichen Mitarbeiterin Frau XX erfahren habe, arrangiert Ihr Unternehmen jedes Jahr ein stilvolles Weihnachtmenü für die Belegschaft. Mein Angebot an Sie: Bereichern Sie dieses Festessen mit einer Showeinlage der Extraklasse! Gönnen Sie Ihrem verdienten Firmenpersonal einen künstlerischen Genuss, der den Abend auflockern und noch lange im Gespräch bleiben wird. Im beiliegenden Werbeflyer finden Sie mein Programm detailliert beschrieben.

Gern übernehme ich für den Abend, falls gewünscht, auch weitere Dienste. Möchten Sie beispielsweise Weihnachtspräsente überreichen, kann ich Ihnen dabei in origineller Form assistieren oder die Übergabe in den Abspann meiner Darbietung einbauen. Ihrer Fantasie und meiner Kreativität sind keine Grenzen gesetzt. Machen Sie sich doch einfach selbst ein Bild: Unter www.XX.zz finden Sie einen kleinen Ausschnitt aus meiner letzten Veranstaltung sowie einige Zuschauer- und Pressestimmen.

Ich freue mich sehr, wenn ich mit meinem Angebot Ihren Geschmack getroffen und Ihre Weihnachtsvorbereitungen erleichtert habe. Ihr Einverständnis vorausgesetzt, werde ich mich in ein paar Tagen telefonisch bei Ihnen melden und nach Ihrer Meinung erkundigen. Bis dahin wünsche ich Ihnen eine möglichst stressfreie Vorweihnachtszeit!

Mit freundlichen Grüßen

Sie werden sehen, wenn Sie erst einmal in Ihrer Rolle aufgegangen sind, sprudeln die Ideen wie ein Wasserfall. Doch am besten wird es sein, Sie lesen noch ein bisschen weiter. Wer weiß, was Ihnen dann noch alles einfällt ...

Blumenzwiebel & Gartenzwerg

Es macht Ihnen sehr viel Freude, im Garten zu „werkeln", und man sagt Ihnen den sprichwörtlichen grünen Daumen nach? Sie wissen bestens über Flora und Fauna, Büsche und Bäume, Gräser und Blumen Bescheid und haben immer wieder neue, ausgefallene Ideen zur Gartengestaltung? Schon seit Jahren kaufen Sie sich Zeitschriften und Bücher über Garten- und Landschaftspflege und begeistern sich für neu entdeckte, kunstvoll gestaltete Parkanlagen? Sie fühlen sich rundum glücklich, wenn Sie in der freien Natur sind, in der Erde wühlen und den Duft von Pflanzen und Blumen atmen? Also, worauf warten Sie noch, drücken Sie Ihren grünen Daumen endlich für sich selbst und machen Sie sich ans Werk!

Gartenparty mal anders

Sollten Sie bereits auf eigenem Grund und Boden große Erfahrungen in Natur und Garten gesammelt haben, dann ist Ihr Wissen bestimmt eine große Bereicherung für die Nachbarschaft. Gute Nachbarschaftshilfe ist ja wie eine Art Ehrenamt. Und von den Erfahrungen Ihrer Nachbarn können auch Sie profitieren. Man tauscht sich ja sowieso meist quer übern Gartenzaun zu diesen Themen aus. Doch im Rahmen einer extra einberufenen „Help-together-Gartenparty" lässt sich daraus noch viel mehr machen. Geben Sie mit Ihrer Einladung die Anregung weiter, dass jeder Gast über den diesjährigen besten Gartenerfolg und über sein größtes Gartenproblem berichten kann. Von den Erfolgsgeschichten profitiert jeder Gast. Über die Misserfolge wird dann in gemeinschaftlicher Runde diskutiert, zusammen wird geholfen und nach einer Lösung gesucht. Sie als Gastgeber fungieren neben der Expertenrolle auch als Protokollführer. Nach dem fröhlichen Ausklang Ihres Gartenfestes lassen Sie allen Nachbarn eine Liste mit den gesammelten Lösungsansätzen und sonstigen Tipps zukommen. Sie werden sehen, Ihre „Help-together-Gartenpartys" werden sich bald herumsprechen und wer weiß, vielleicht avancieren Sie damit noch zum gefragten Gartenexperten ...

Kreative Job-Rezepte

Pension für Zimmerpflanzen
Leider hat nicht jeder so hilfsbereite Nachbarn, und für manchen stellt es schon ein Problem dar, jemanden für die Zimmerpflanzenpflege im Urlaub zu finden. Verfügen Sie zudem über genügend Platz in Ihrer Wohnung und haben außerdem Freude und Talent für die Pflanzenpflege, bieten Sie doch Ihre Dienste als „Pension für Zimmerpflanzen" an. Mit Aushängen am Schwarzen Brett in Hausfluren, Supermärkten, Apotheken und Reisebüros sowie mit kostenlosen Kleinanzeigen und in Briefkästen verteilten Handzetteln können Sie mit einem originellen Werbetext auf Ihr Angebot aufmerksam machen. Selbstverständlich können Sie die Idee auch in einen „mobilen Pflegedienst" umwandeln, doch da nicht jeder fremde Personen in seine Wohnung lassen möchte, würde ich beide Variationen anbieten. Auf diese Weise werden Sie neben bisher unbekannten Zimmerschönheiten bestimmt auch viele nette Menschen kennen lernen! Und falls Sie Ihr Angebot auf eine komplette Urlaubsgartenpflege ausweiten, werden Sie sich vielleicht bald nicht mehr vor Angeboten retten können!

Training on the job
An Ihrem Arbeitsplatz gibt es bisher nur einen mickrigen Philodendron und eine verkümmerte Yuccapalme, die nach mehr Aufmerksamkeit lechzen? Na, da bietet sich Ihnen ja ein wunderbares Spielfeld zur Entfaltung Ihrer grünen Talente! Machen Sie Ihrer Chefin einen Vorschlag zur Verschönerung der Arbeitsräume. Lassen Sie sich in einem Fachgeschäft beraten, welche Pflanzen sich besonders gut für die gegebenen Licht- und Raumverhältnisse eignen. Blüh- oder Grünpflanzen, Rankgewächse oder Gräser – die Kombinationsmöglichkeiten sind enorm und letztendlich hängt die Auswahl vom Geschmack und dem Budget Ihres Arbeitgebers ab. Sie haben es in der Hand, seine Wahl durch Ihrer Vorschläge und Kriterien wie leichte Pflege, lange Lebensdauer, ansprechende Optik und signifikante Verbesserung des Raumklimas zu beeinflussen. Wenn Sie Ihre Schützlinge selbst ausgesucht und sich ausführlich über die ideale Pflege unterrichtet haben, wird sich die Anschaffung für Ihre Chefin doppelt lohnen.

Kreative Job-Rezepte

Steht Ihnen am Arbeitsplatz oder in der Firma auch ein Balkon, ein Innenhof oder sogar ein kleiner Garten zur Verfügung, fragen Sie nach, ob Sie diese Fläche nicht zum Wohl der ganzen Firma nutzen dürfen. Ob nun als bunter Bauerngarten zum Auffrischen der müden Computeraugen, als beruhigende Zen-Oase zum Tanken neuer Kräfte oder einfach nur für den Anbau von Gurken und Radieschen – Ihre Kollegen werden Ihren Einsatz bestimmt sehr zu schätzen wissen. Eine Kollegin von mir hatte einmal den Balkon des Chefzimmers dazu auserkoren, Tomatenpflanzen und Kräuter zu ziehen, und die gesamte Belegschaft durfte sich in den Sommermonaten über frische, firmeneigene Vitamine freuen.

Sie können Ihre Chefin und Ihre Kollegen auch noch in ganz anderer Form an Ihrer Begeisterung für die Pflanzenwelt teilhaben lassen. Wie wäre es z. B. mit einem Betriebsausflug in den Botanischen Garten oder einen besonders schönen Schlosspark, aufgelockert mit Ihren fachkundigen Beiträgen oder einem extra vorbereiteten Botanik-Quiz? Vielleicht äußert sich Ihr grüner Daumen in der Gestaltung besonders origineller Blumenarrangements. Setzen Sie Ihre Chefin davon in Kenntnis, damit sie Sie beim nächsten Firmenevent oder zum Jubiläum verdienter Mitarbeiter mit der Organisation der Blumenbuketts beauftragen kann. Sie sehen, Ideen gibt es immer, man muss sich nur erlauben, den Bedarf dafür zu schaffen.

Mehr Land als Gärtner

Viele Leute haben riesige Grundstücke, aber weder Zeit noch Lust noch Begabung, sich liebevoll darum zu kümmern. Und Sie gehen wahrscheinlich mit Ihrem Kennerblick daran vorbei und haben tausend Ideen, wie Sie dieses verwilderte Stück Land zum Erblühen bringen würden!

Sie sollten Ihre Ideen für ein größeres Projekt am besten erstmal theoretisch umsetzen. Ein paar Fotos vom Grundstück sind schnell gemacht, so dass Sie sich in groben Zügen eine Vorstellung von den Flächenmaßen machen können. Mit Stift, Zirkel und Lineal sind die Maße rasch auf Papier übertragen. Eventuell noch vergrößert und mehrmals kopiert, haben Sie dann gleich mehrere Vorlagen für verschiedenste Gestaltungsvarianten. Natürlich können Sie auch professioneller vorgehen und sich ein Computerprogramm kaufen, das es Ihnen ermöglicht, Ihre kreativen Fantasien auf dem virtuellen Reißbrett darzustellen und spielerisch hin und her zu schieben. Softwares mit 3-D-Ansichten sind dafür besonders gut geeignet, jedoch auch kostspielig.

Auf Basis dieses Plans können Sie sich nun in Baumärkten und Gartencentern ein Bild davon machen, wie viel Zeit und Geld es kosten würde, Ihre Einfälle zu realisieren. Dabei sollten Sie die wichtigsten Fragen zu Umfang und Kosten Ihrer gärtnerischen Erstausstattung stellen und gute Rabatte vereinbaren. Etwas handeln lässt sich immer, vor allem, wenn das Geschäft Folgeaufträge wittert! Das geschulte Fachpersonal wird Ihnen bestimmt gern und ausführlich alle Fragen beantworten.

Apropos gut geschult: Auch wenn Sie sich (noch) nicht zu einer zeit- und/oder kostenaufwendigen Fachausbildung entschließen können, sind Weiterbildungen trotzdem sehr zu empfehlen. So können Sie sich auch mal an größere Projekte wagen. Neben den üblichen Ausbildungswegen gibt es hierfür zahlreiche Maßnahmen, sogar Fernkurse in Garten- und Landschaftsgestaltung. In der Königlichen Gartenakademie in Berlin-Dahlem z. B. bietet sich Ihnen ein breites Spektrum an Tageskursen und Wochenend-Workshops. Allein schon ein Besuch der herrlichen Akademie-Gärten gegenüber von Berlins Botanischem Garten wird Sie nachhaltig inspirieren! Oder fragen Sie in Gärtnereien oder Gartencentern nach einem Praktikum. Auch wenn Sie diese Möglichkeit nur unentgeltlich geboten bekommen, erhalten Sie im Gegenzug zumindest wertvolle Einblicke und machen wichtige Erfahrungen. Ihr Traumberuf ist den Einsatz von ein paar Urlaubswochen bestimmt wert!

Gärtner, Botaniker oder Landschaftspfleger sind nicht ohne Grund Berufe mit einer langjährigen Ausbildungszeit. Was diese Spezialisten Ihnen an Erfahrung voraushaben, müssen Sie durch besondere Nischenangebote und Sonderkonditionen wettmachen. Kombinieren Sie Ihre Entwürfe, die Tipps und Preisvorschläge aus dem Gartencenter und erstellen Sie daraus für den Besitzer des Grundstücks ein überzeugendes, individuell ausgearbeitetes Spezialangebot – kombiniert mit einem überschaubaren Zeitplan. Lassen Sie sich sowohl beim Preis als auch bei der Terminierung genügend Spielraum. So haben Sie Luft für den einen oder anderen „Wachstumsstop" oder ungeahnte Hindernisse.

Eine unbezahlbare Erfahrung
Und was ist, wenn Ihnen auf Ihr Angebot nicht einmal geantwortet wird? Nun, damit Sie möglichst schnell wissen, woran Sie sind, sollten Sie dieses Angebot niemals per Post versenden, sondern immer einen persönlichen Termin zur Präsentation Ihrer Vorschläge vereinbaren. Und wenn Sie keinen Termin bekommen oder sich trotz Ihrer begeisterten Präsentation kein Auftrag ergibt? Dann – bitte, bitte – vergessen Sie nie, wie wertvoll diese Erfahrungen für Sie sind! Sie haben sich von A bis Z einer völlig neuen Aufgabe gestellt und diese gedanklich bis zum Ende durchgespielt, dabei viele wichtige Dinge gelernt und vor allem erleben dürfen, wie es sich anfühlt, ganz in dieses neue Beschäftigungsfeld einzutauchen. Nach diesem „Probelauf" können Sie noch ein bisschen besser abschätzen, ob Sie hier tatsächlich Ihren Traumberuf anpeilen. Und wenn dem so ist, werden die Absagen Sie nicht entmutigen können und der Erfolg kommt früher oder später nicht mehr an Ihnen vorbei!

Halten Sie bei Spaziergängen und Autofahrten Augen und Ohren offen, wo gerade Häuser gebaut werden bzw. schon fertig gebaut sind und demnächst ein neuer Garten anzulegen ist. Erfahrungsgemäß ist jeder Häuslebauer nach der anstrengenden Bauphase etwas ausgelaugt. Das Thema Garten wird dann gerne ein bisschen nach hinten verlagert oder man wartet noch auf die eine oder andere Eingebung bzw. Unterstützung zur Gestaltung einer kreativen Gartenlandschaft. Das ist die ideale Phase für Ihren Einsatz!

So, nach diesen verschiedenen Vorschlägen wird es nun Zeit für ein detailliertes Rezept. Nach dem soeben beschriebenen umfangreichem Menü nun eine etwas leichtere Kreation für einen beschwingten Einstieg in Ihre Gärtnerkarriere!

Job-Rezept „Paradiso Balkonia"

Vielleicht haben Sie ja trotz Ihres Gartenfaibles immer noch kein Privatgrundstück zum Ausleben Ihrer grünen Talente und inzwischen ein besonderes Händchen dafür entwickelt, Ihren Balkon in ein blühendes Miniparadies zu verwandeln. Ja, vielleicht haben Sie schon öfters beobachtet, wie Spaziergänger fasziniert unter Ihrem „Hängegarten" stehen blieben und das einladende Arrangement bewunderten. Ist Ihnen dabei in den Sinn gekommen, mit einem gut lesbaren Werbebanner an der Balkonbrüstung Ihre Unterstützung für eine optimale und individuelle Balkongestaltung anzubieten? Wenn Sie dieses Angebot zudem noch mit einem interessanten Zusatzservice und per Handzettel bewerben, ist es sicherlich nur eine Frage von Tagen, wann die ersten Interessenten anklopfen. Besonders erfolgversprechend ist die Durchführung dieser Idee im Frühjahr, wenn alles grünt und blüht und sich Ihre Kunden dann noch viele Monate an dem neu geschaffenen Heimparadies erfreuen können.

Voraussetzungen
- Begeisterung für Balkon- und Gartengestaltung
- Freude an der Arbeit an der frischen Luft
- Gute Fachkenntnisse im Bereich Botanik – Blumen, Sträucher, Kräuter etc.
- Gefühl für Farbharmonie, Symmetrie und Raumgestaltung
- Fantasie und Kreativität
- Körperliche Belastbarkeit

Grundausstattung
Ein eigenes Fahrzeug mit viel Stauraum, wenn möglich ein Kleintransporter, wird Ihnen gute Dienste leisten, wenn Sie die Arbeitsmaterialien zu Ihren Kunden transportieren.

Diese Dinge sollten Sie obligatorisch zu Ihren Kundenbesuchen mitnehmen: Digitalkamera, Meterstab, Klemmbrett, Taschenrechner und Papierblock und ein kompakter Terminplaner mit Adressbuch. So können Sie gleich an Ort und Stelle die räumlichen Gegebenheiten festhalten, die wichtigsten Maßstäbe in Form einer

Skizze notieren und die geschätzten Kosten addieren. Zu alledem wirkt ein Auftritt mit dieser Ausstattung beeindruckend professionell!

Als Erstausstattung bewährt sich – sofern Sie das nicht sowieso schon haben – die Anschaffung von Arbeitshandschuhen, Zink-Eimern, Gießkanne, Schaufel und Kehrbesen, Blumenschere, Großpackungen Dünger für Grün- und Blühpflanzen, Zeichenblock und kräftige Buntstifte in vielen Farben.

Zielgruppe/Werbeumfeld
Ihre Zielgruppe beginnt vor Ihrer Haustür. Schauen Sie sich um, welche Balkone leer und einsam vor sich hinstarren. Möchten Sie Ihre Kunden persönlich per Besuch, Brief oder Telefonat ansprechen, machen Sie sich vor der ersten Kontaktaufnahme ein ungefähres Bild von deren Lebenssituation. In der Nachbarschaft bieten sich hierzu diskrete und höfliche Möglichkeiten. Eine Familie mit kleinen Kindern hat völlig andere Wünsche zur Nutzung ihrer Freiluft-Quadratmeter als ein berufstätiger Single, der vorwiegend die Abendstunden ungestört an der frischen Luft genießen möchte.

Werbemaßnahmen
Nutzen Sie die Werbefläche Ihres eigenen Balkons oder Ihrer Terrasse – hierfür eignen sich insbesondere Werbetafeln mit schon von weitem lesbarer Schrift. Wenn Sie in einer Mietwohnung leben, sollten Sie vor der Anbringung an äußeren Gebäudeteilen (z. B. an der Balkonverkleidung) erst Ihren Vermieter um Erlaubnis fragen.

Nutzen Sie auch die kostenlosen Werbemöglichkeiten am Schwarzen Brett der Gemeinde- und Stadtverwaltungen, in Einwohnermeldeämtern und an anderen passenden Dauerwerbestellen. Mit Handzetteln zur Auslage in Ämtern, Baumärkten und Gartencentern oder zur Verwendung als Postwurfzettel in den Briefkästen der Nachbarschaft können Sie mit geringen Kosten eine gute Resonanz erzielen, ebenso durch Kleinanzeigen in Wochen- und Gemeindeblättern.

Kreative Job-Rezepte

Immer gut vorbereitet

Im Laufe der Zeit werden Sie ein Gespür dafür entwickeln, wie und wo Sie mit Ihrem Angebot schlummernde Bedürfnisse zum Leben erwecken. Führen Sie Ihren Terminplaner mit ausreichenden Notizzetteln immer bei sich, so dass Sie bei jeder Unternehmung Ihrer Inspiration folgen, diese notieren und sich gleich die Adressen von potenziellen Kunden notieren können. Oftmals sind es nicht die Besitzer von völlig verwaist und lieblos aussehenden Balkonen, die besonders offen für Ihr Angebot sind, sondern Menschen, die bereits versuchen, ihre Freiflächen mit herkömmlichen Arrangements ein bisschen zu verschönern. Mit einem Vorher-Foto und einer Nachher-Zeichnung bzw. einer Fotomontage oder auch mit passenden Beispiel-Fotos, können Sie überzeugend demonstrieren, welche Verwandlungen machbar sind. Die Bilder werden für sich sprechen. Wenn Sie dabei noch den Gewinn an Erholungswert und Lebensfreude betonen sowie Ihre Kunden gedanklich zu einem Sommerfrühstück inmitten der neuen Pflanzenpracht entführen, werden sich die Kosten für Ihre Kunden schnell relativieren.

Um Ihren Kunden eine Vielfalt an Ideen präsentieren zu können und stets über aktuelle Trends auf dem Laufenden zu sein, empfiehlt sich die regelmäßige Lektüre von ausländischen Haus- und Gartenzeitschriften. Das gibt Ihrer Arbeit neue, ungewöhnliche Impulse und Ihren Beratungen einen Hauch von Weltgewandtheit: „So hat man das jetzt in England ..." Auch Reiseprospekte mit den Abbildungen prächtiger Hotelgärten können ein Quell für neue Inspirationen sein.

Der regelmäßige Besuch von regionalen Gartenausstellungen bzw. einer Landes- oder Bundesgartenschau, Spaziergänge in Parkanlagen und Schlossgärten sowie ein stets offener Blick bei allen Ihren Unternehmungen und Reisen wird Ihnen einen nie versiegenden Input an kreativen Ideen bescheren.

Kundenservice

Wenn es für Sie zeitlich machbar ist, können Sie Ihr Angebot durch den Service einer Vor-Ort-Beratung auch am Feierabend und an den Wochenenden ergänzen. Drei völlig unterschiedliche Gestaltungsvorschläge in Ihrem Standardangebot

(z. B. gestaffelt nach verschiedenen Stilen und Preisvarianten) demonstrieren Ihre Vielfältigkeit. Obligatorisch sollten Ihre Angebote auch das Besorgen sämtlicher benötigten Materialien beinhalten und Ihre Gestaltungsideen zusammen mit den Kostenvoranschlägen schnellstmöglich und so pünktlich wie vereinbart bei Ihren Kunden sein. Eine Sommerpauschale zum monatlichen Pflanzen-Checkup sowie ein Winterpaket, das auch in der kalten Jahreszeit einen ansprechend dekorierten Balkon verspricht, kann Ihr Standardangebot ergänzen.

Vielleicht gesellt sich zu Ihren Pflanzen-Arrangements auch die Nachfrage nach einer komplett neuen Balkon- oder Terrassengestaltung mit Überdachungen, Lauben, originellen Freisitzen und ausgefallenen Pflanzkübeln. Holen Sie sich dafür am besten gleich einen ortsansässigen Schreiner mit ins Boot. Diese handwerklichen Dienstleistungen sind meist preiswerter als gedacht, oft individueller als eine 08/15-Baumarkt-Lösung und ermöglichen es Ihnen, perfekt aufeinander abgestimmte Qualitätsleistungen anzubieten.

Beispiel für den Text des Handzettels bzw. die Werbetafeln
Und damit Sie keine kostbare Zeit versäumen, hier nun auch ein Textvorschlag, mit dem Sie auf einem Handzettel oder auf einer Werbetafel sofort Ihre Dienstleistung anbieten können:

Urlaub in Balkonien

Der Sommer ist zu schön, um ihn in der Wohnung zu verpassen.
Und das Sonnenparadies liegt direkt vor Ihrer Balkontür.
Lassen Sie uns gemeinsam auf Entdeckungsreise gehen!

Mein Angebot

Außergewöhnliches Balkon-Design
vom Kräutergärtchen bis zur Blumeninsel
vom Rosenbogen bis zur Weinlaube
vom Springbrunnen bis zur Hängematte

Ihren Wünschen und meinen Ideen sind keine Grenzen gesetzt!

Paradiso Balkonia

Rufen Sie gleich an und buchen Sie Ihr
heimisches Sonnenparadies!
Telefon …

Mit diesem Rezept können Sie wunderbar testen, wie es sich anfühlt, Ihre gärtnerische Begabung professionell auszuleben. Doch bevor Sie jetzt ins nächste Gartencenter stürmen, blättern Sie mit Ihrem grünen Daumen doch erst noch ein paar Seiten weiter …

Kindernärrin & Seelentröster

Sind Sie es gewöhnt, dass man Sie in allen Lebenslagen nach Ihrer Meinung fragt und um Hilfe bittet? Haben Ihnen Freunde, Bekannte oder Kollegen wiederholt bestätigt, wie gut es tut, sich mit Ihnen auszutauschen? Empfinden Sie es als zutiefst sinnvoll und erfüllend, für andere da zu sein, ihnen neuen Mut zu geben, sie von Ihren Erfahrungen und Einsichten profitieren zu lassen? Kann bei Ihnen jeder seine Kinder abstellen, werden Ihnen die lieben Kleinen nie zu viel? Sind Sie unermüdlich im Geschichtenerzählen, Spiele ausdenken, Streit schlichten und trösten? Und haben Sie sich bei all' dem gefragt, warum Sie aus Ihrer seelischen Unterstützung oder Ihren Babysitter-Qualitäten nicht mehr machen, als immer nur privater Kummerkasten oder fliegender Betreuungsdienst zu spielen?

Kommen Ihnen solche Überlegungen selbstsüchtig vor oder wiegeln Sie alle weiteren Gedanken ab, da Sie nicht über eine passende Ausbildung verfügen? Ganz ehrlich, was erscheint Ihnen wertvoller: Alles das, was Sie mal theoretisch gelesen und gelernt haben? Oder mehr das, was Sie persönlich gelernt, erlebt und erfahren haben? Es liegt vor allem an Ihnen, ob Sie sich selbst die Berechtigung geben, Ihr Einfühlungsvermögen, Ihre Menschenkenntnis und Ihre Erfahrungen auch ohne schriftlichen Befähigungsnachweis anzubieten. Und es liegt dabei ganz in Ihrer Entscheidung, ob Sie Ihrer Hilfe für andere auch den angemessenen finanziellen Wert zugestehen. Sie können Ihre sozialen Stärken und Ihre seelische Belastbarkeit auch auf halboffiziellen Wegen ausprobieren. Viele soziale und karitative Einrichtungen freuen sich über Unterstützung und ehrenamtliche Helfer. Eventuell freut sich auch Ihr Arbeitgeber, wenn Sie Ihre sozialen Stärken gezielt ins Unternehmen einbringen und hierzu eigene Ideen anbieten. Es gibt in der Tat vielfältigste Möglichkeiten, praktische Erfahrungen zu machen.

Ihre Stärken sind gefragt
Fragen Sie sich, welche Vorlieben Sie bei der Unterstützung Ihrer Mitmenschen haben: Bevorzugen Sie die Betreuung von Kindern, von Jugendlichen, von Erwachsenen, von kranken oder von alten Menschen? Haben Sie festgestellt, dass Sie zu bestimmten Menschen einen besonderen Zugang haben und sich in deren Situationen sehr gut einfühlen können? Denken Sie ruhig mal darüber nach, ob Ihre Stärken eher im Zuhören und Trösten, im genauen Analysieren einer Situation, im Erteilen konstruktiver Tipps und im Finden kreativer Lösungswege, im spielerischen Umgang oder im tatkräftigen Handeln liegen. Wenn Sie glauben, nicht zweifelsfrei sagen zu können, welche Ihrer zwischenmenschlichen Stärken besonders ausgeprägt sind, starten Sie einfach eine kleine Umfrage im Freundes- und Bekanntenkreis. Dazu genügen ein, zwei kurze Sätze wie beispielsweise: „Liebe/r ..., könntest du bitte in ein paar Worten beschreiben, was du an mir als Freund oder Kollege vor allem schätzt und womit ich aus deiner Sicht andere am besten unterstützen kann?"

Erfahrungsgemäß leisten wir gerade in den Dingen am kompetentesten Hilfestellung, die wir gut und dauerhaft für uns selbst bewältigt haben. Hier kennen wir beide Seiten der Medaille, können mit viel Einfühlungsvermögen trösten und Mut zusprechen sowie echte Erfahrungswerte weitergeben. Schauen Sie mal etwas genauer hin: Denken Sie aus lauter Gewohnheit immer noch, dass Sie wie früher gravierende Probleme haben, den Alltag mit Ihren Kindern zu strukturieren, und übersehen dabei ganz, dass Sie sich inzwischen zu einem wahren Organisationstalent entwickelt haben? Oder meinen Sie, man könnte Ihnen jeden Anflug von Unsicherheit an der Nasenspitze ansehen, und haben gar nicht bemerkt, wie viele Menschen Sie wegen Ihrer souveränen Ausstrahlung bewundern?

So ergeben sich bei wohlwollender Selbstbetrachtung in Kombination mit der Befragung im Freundeskreis einige überraschende, vielseitig verwertbare Erkenntnisse für Sie. Dazu fallen mir spontan einige Beispiele ein.

Kreative Job-Rezepte

Aus der Not eine Tugend machen
Eine Bekannte von mir hat den jahrelangen Kampf gegen ihr Übergewicht aufgegeben und inzwischen aus der Not eine Tugend gemacht. Sie weiß genau, wo der Schuh drückt, wenn man sich mit zu vielen lästigen Pfunden herumplagen muss. Und sie hat dabei die tollsten Mittel und Wege gefunden, den innerlich wie äußerlich drückenden Kilos ein Schnippchen zu schlagen. Bei ihr kann sich Mann wie Frau modischen Rat holen, um kleine Schwächen zu kaschieren und Pluspunkte optisch zu verstärken. Sie kennt die besten Gegenmittel bei seelischen Durchhängern, bringt ihren Teilnehmern schlagfertige Antworten gegen unliebsame Kommentare wenig feinfühliger Mitmenschen bei und macht mit ihnen Videoaufnahmen, um ein selbstbewussteres Auftreten zu üben. Ich kann mir nicht vorstellen, dass ihre Kurse „Rund – na und?" einen ähnlich guten Erfolg hätten, wenn sie von einer schlanken Dozentin angeboten würden.

Ein Freund von mir zeichnet sich dadurch aus, äußerst Anteil nehmend zuhören zu können, was ihm im Freundeskreis einen Ruf als guter Ratgeber eintrug. Da er die Scheu der Männer kennt, über Liebeskummer zu sprechen, und Singles eine sich geradezu inflationär ausbreitende Spezies zu sein scheinen, kam er auf eine Idee. Aus wiederholter eigener Erfahrung wusste er genau, was Mann benötigt, um seelisch wieder ins Lot zu kommen. Kurzerhand entschloss er sich, seine Tipps professionell anzubieten. Er kennt auch die typischen Fallen, in die er und seine männlichen Artgenossen in Beziehungen immer wieder tappen. So kann er rechtzeitig darauf hinweisen und neuem Kummer vorbeugen. Bei extremen Fällen verweist er seine Kunden natürlich auf fachmännische Hilfe und geschulte Therapeuten. Da er selbst viele Möglichkeiten ausprobiert hat, um eine neue Partnerschaft zu finden, gibt er fundiert Rat, wenn es sowohl um den Online-Dschungel der Singlebörsen als auch um örtlich passende Treffpunkte für Singles geht. Sie können sich vorstellen, dass sich sein Angebot – eine Komplettberatung für liebeskummergeplagte Männer – einer regen Nachfrage erfreut.

Ein alleinerziehender und im Spätdienst tätiger Vater erkannte das Manko bei der fehlenden Mittagsbetreuung im Kindergarten seines Sohnes. Er wünschte sich schon lange, mehr Zeit mit Kindern verbringen zu können und bot am Schwarzen Brett die Übernahme einer zwei- bis dreistündigen Betreuung für bis zu fünf Kinder bei sich zu Hause an. In dieser Zeit servierte er den Kleinen eine einfache, leckere Mittagsmahlzeit und bot anschließend Möglichkeiten zum Mittagsschlaf oder zum gemeinsamen Spiel. Die berufstätigen Eltern waren über sein Angebot hellauf begeistert. Nun trägt er sich mit den Gedanken, die Betreuung auch nach der Kindergartenzeit für die Schulkinder ab Mittag bis zum frühen Abend fortzusetzen. Hiervon profitieren nicht nur die berufstätigen Eltern, sondern auch sein Sohn, der sich als Einzelkind über die tägliche geschwisterähnliche Situation sehr freut.

Eine Kollegin von mir hat die Transformation von persönlich erlebtem Leid in echte Hilfestellung für Menschen in ähnlichen Situationen auf kaum zu übertreffende Weise gemeistert. Nach zwei Jahren des Ringens und Bangens hatte sie ihre kleine Tochter bei deren dritter Herzoperation verloren. Sie erlebte schreckliche Monate in einem Niemandsland mit unermesslichem Leid und wäre ihrer Tochter am liebsten gefolgt. Als sie wieder bei sich ankam, stellte sie fest, dass die einfühlsame, monatelange Begleitung ihres Arztes sowie eines Seelsorgers und Trauerbegleiters und der Austausch mit anderen Betroffenen einen sehr wichtigen Teil dazu beigetragen hatte, besser mit dem Verlust umzugehen. Ihr fiel aber auch auf, dass nicht jeder die Möglichkeit zu solch achtsamem Austausch hat und es grundsätzlich viel zu wenig Raum gibt, um Trauer adäquat zu fühlen, auszuleben und zu heilen. Mit Unterstützung einer Witwe und unter der Trägerschaft einer evangelischen Bildungsstätte gründete sie ein Trauercafé. Dort trifft man sich mehrmals im Monat in einem sehr geschützten Rahmen. Hier kann jeder sein und fühlen, wie ihm gerade zumute ist. Es gibt Platz für Tränen, für Austausch, Vorlesungen, Abschiedsrituale und auch für befreiende Trauertänze. Hier treffen sich Menschen, die sich in ihrem Leid berühren, gegenseitig annehmen und dabei gut umsorgt werden.

Kreative Job-Rezepte

Training on the job
Wenn Sie die vorgeschlagenen Tätigkeitsfelder am bisherigen Arbeitsplatz nicht ausüben können, werden Sie sich fragen, wie Sie Ihre pädagogischen und helferischen Fähigkeiten in Ihrem Unternehmen anwenden können. Ich habe ein paar Anregungen für Sie, die Sie vielleicht noch auf ganz andere Einsatzbereiche für Ihre besonderen Stärken bringen.

Falls es Kollegen gibt, die ab und zu ein Betreuungsproblem mit ihren kleineren Kindern haben: Sprechen Sie mit Ihrer Chefin, ob sie Ihnen gestattet, durch die Einrichtung einer Kinderecke bzw. bei größeren Unternehmen eventuell sogar durch die Organisation einer firmeninternen Kinderbetreuung, Abhilfe zu schaffen.

Falls Sie ein sehr ausgleichender Mensch sind, der so gut wie mit allen und jedem friedlich umgehen kann, können Sie Ihre Fähigkeiten bei firmeninternen Querelen einsetzen. Vielleicht sind Ihre diplomatischen Qualitäten bald so gefragt, dass der Firmenleitung sogar die Genehmigung einer Weiterbildung als Mediator bzw. im betriebspädagogischen Bereich sinnvoll erscheint.

Falls Ihre Firma Jahr für Jahr immer nur einen Riesenschwung Weihnachtskarten verschickt oder stets den gleichen Verein mit Spenden bedenkt, entwerfen Sie eine Hilfskampagne für Organisationen oder Projekte, die Ihnen am Herzen liegen. Eventuell gelingt es Ihnen dabei, nicht nur die Unterstützung Ihrer Firma, sondern auch den finanziellen bzw. ideellen Einsatz der Mitarbeiter zu gewinnen. Es kommt nur darauf an, dass Sie den Mut und den Einsatz aufbringen, Ihre Talente und die daraus für das Unternehmen resultierenden Vorteile mit Überzeugungskraft anzubieten.

Mehr Sicherheit und Erfolg durch Weiterbildung
Früher oder später wird es sich herausstellen, für welche Tätigkeit Ihr Herz schlägt, und Sie werden sich überlegen, wie Sie ihr künftig mehr Raum geben möchten. Dabei werden Sie in den meisten Fällen auch nicht darum herumkommen, Ihre autodidaktisch begonnenen Nebentätigkeiten durch Weiterbildun-

gen zu fundieren. Doch gerade im Seminar- und Vortragsbereich macht es Sinn, sich von Anfang an mit gutem Handwerkszeug sprich einer Dozentenausbildung, Rhetorik- oder Kommunikationskursen, Ausbildung in systemischer Beratung und Ähnlichem vorzubereiten. Es wäre sehr schade, wenn das, was Sie an wichtigen Dingen zu sagen oder zu geben hätten, durch mangelnde Kenntnis erprobter Vermittlungsmethoden und organisatorischer Abläufe verloren ginge.

Im Zuge Ihrer Erfahrungen werden Sie feststellen, in welchem Bereich Sie sich spezialisieren und noch tiefergehend bilden möchten. Dann kommen länger andauernde Ausbildungen in Frage. Der zeitliche und finanzielle Aufwand wird sich, sofern Sie wirklich „das Ihre" gefunden haben, über kurz oder lang bezahlt machen und Ihnen zusätzliche Sicherheit geben. Es gibt Wochenendschulungen, die Ihnen einen ersten Eindruck in soziale Arbeitsbereiche verschaffen, bevor Sie sich verbindlich für eine längere und kostenintensive Ausbildung entscheiden. Egal ob im betreuenden, pädagogischen, psychologischen, spirituellen, naturmedizinischen oder sonst welchen Bereichen – sobald Sie sich hierzu ernsthafte Überlegungen gestatten, wird Sie, wie so oft im Leben, der „Zufall" schon zum richtigen Zeitpunkt zu den am besten für Sie passenden Lehrern und Ausbildungsstätten führen.

Das nachfolgende Jobrezept habe ich vor vielen Jahren, als mein Handlungsspielraum durch meinen damals erst fünfjährigen Sohn stark eingeschränkt war, mehrmals selbst ausprobiert. Es bescherte mir als alleinerziehender Mutter viel Abwechslung, meinem Sohn viel Spaß und uns beiden den dringend benötigten und gut bezahlten Zusatzverdienst! Vielleicht fühlen Sie sich ja angeregt, es mal selbst auszuprobieren.

Kreative Job-Rezepte

Job-Rezept „Kinderparty Kunterbunt"

Wer als alleinerziehender Elternteil seine Berufstätigkeit nach kleinen Kindern ausrichten muss und dabei nicht auf öffentliche Einrichtungen zurückgreifen kann, ist gut beraten, frühzeitig private Kontakte für eine verlässliche Kinderbetreuung zu knüpfen. Oder er findet eine Tätigkeit, bei der die Kinder mit dabei sein können. Da ich lange Zeit in dieser Situation war, kam ich auch auf die Idee für ein Angebot zur Kinderbetreuung auf Vereinsfeiern und Firmenveranstaltungen.

Mein erster Einsatzort war eine großangelegte Feier zum 100-jährigen Jubiläum der örtlichen Feuerwehr. Der Etat der Gemeindeväter und Vereinsvorstände sah noch einen ansehnlichen Betrag für die Betreuung der jüngsten Dorfbewohner vor. Bei der Auftragsvergabe wurde viel Wert auf originelle Spiele gelegt, welche die Kinder bestens unterhalten sollten, damit sie ihren Eltern ohne Murren genügend Freiraum zum Genießen der Feierlichkeiten ließen. Bei dieser Herausforderung fühlte ich mich ganz in meinem kreativen Element. Und was das Praktische und Schöne daran war – ich konnte meinen Knirps problemlos in den Tagesablauf integrieren. Die Kinderbetreuung erfüllte sowohl die Wünsche der Veranstalter als auch der kleinen sowie großen Besucher. Alle waren rundum zufrieden und so bot ich diese Dienstleistung, jeweils dem Anlass und den speziellen Erwartungen meiner Auftraggeber angepasst, noch des Öfteren an. Und hier die einzelnen Zutaten zu dem gelungenen Kinderparty-Rezept:

Voraussetzungen
- Freude und Erfahrung im Umgang mit Kindern
- Geduld, nervliche Belastbarkeit und Durchsetzungsvermögen
- Kreativität und Einfallsreichtum
- Flexibilität in unvorhergesehenen Situationen
- Grundkenntnisse in Erster Hilfe
- Fahrzeug mit genügend Stauraum

Übrigens: Falls es der Umfang Ihres Auftrages bzw. die zu betreuende Kinderzahl erfordern und es das angebotene Honorar ermöglicht, ziehen Sie zur

Unterstützung Ihrer Aktion doch einfach noch Freunde hinzu, die Ihr Vertrauen genießen und sich dieser Aufgabe gewachsen fühlen.

Zielgruppe/Werbeumfeld
Besorgen Sie sich rechtzeitig über Gemeinde- und Stadtverwaltungen die Jahrespläne für Vereins- und Bürgerfeste. So sind Sie frühzeitig zur Stelle, wenn die Planungen beginnen, und können rechtzeitig Ihre Ideen zur Kinderbetreuung einbringen. Ebenso bieten Städte und Gemeinden sowie auch Volkshochschulen vielseitige Ferienprogramme an, in denen Ihr Angebot eine originelle Ergänzung sein kann. Sie haben dabei freie Wahl, wo Ihre Aktivitäten stattfinden, z. B. inmitten von Natur, Wald und Wiesen unter dem Motto Elfen, Zwerge und Waldgeister. Oder Sie wählen bei Mal- und Bastelangebote die dafür gut ausgestatteten Räumlichkeiten der Bildungsträger. Halten Sie Augen und Ohren offen, bei welchen Firmen demnächst Eröffnungen oder Jubiläen anstehen. Bei der Organisation wird auch meisten über eine Kinderbetreuung nachgedacht und Sie laufen mit Ihrem Angebot eventuell offene Türen ein.

Eine weitere Möglichkeit ist, Ihre besondere Kinderbetreuung auch in Hotels der gehobenen Kategorie anzubieten. Wer sich eine besondere Hochzeitsfeier in solch einem kostspieligen Ambiente leistet, ist froh, wenn er dafür seine Gäste mit einer außergewöhnlichen Kinderbetreuung beeindrucken kann. Stellen Sie sich dafür am besten persönlich beim Hotelpersonal vor, damit Ihr Service gleich bei den vorbereitenden Planungen empfohlen wird.

Beispiel für ein originelles Kinderspiel, Altersklasse ca. 4 bis 10 Jahre:
Der Schatz der Karibik-Piraten
Zu Beginn lesen oder erzählen Sie eine spannende Geschichte, wie der sagenhafte Karibikschatz gestohlen wurde und seitdem spurlos verschwunden ist – wenn möglich noch untermalt mit passender Filmmusik. Danach zaubern Sie eine nach den örtlichen Gegebenheiten gut vorbereitete, riesige Schatzkarte hervor. Bauen Sie ruhig ein paar Hindernisse ein – die Karte darf nicht zu einfach sein, denn schließlich sollen sich die älteren Piraten-Kids nicht langweilen. Doch bevor jetzt

alle zur Schatzsuche losstürmen, müssen die Seeräuber erst noch fachmännisch ausgestattet werden. Zwei Rollen einfacher weißer Tapete eignen sich hervorragend zum Falten superbreiter Piratenhüte. Mit dicken schwarzen Filzstiften und vorgefertigten Schablonen zum Zeichnen von Totenköpfen, mit Federn und Bändern darf sich jeder seinen Hut ganz nach Geschmack verzieren. Zusammen mit einem roten Halstuch aus Futtertaft ist der Piratenlook perfekt! Und dann geht's endlich zur spannenden Suche – unter Ihrer Leitung als Piratenkapitän! Dafür bekommt jedes Mannschaftsmitglied eine spezielle verantwortungsvolle Aufgabe übertragen. Einer bedient den Kompass, der nächste bewacht die Karte, ein paar (Plastik-)Säbelkämpfer bilden die Leibgarde und auch die Kleinsten bekommen als Träger von Piratenflagge und dem obligatorischen (Plüsch-)Affen und Piraten-Papagei gewichtige Aufgaben übertragen. Jetzt stellt sich nur die Frage: Wie beschaffen Sie das kostbare Gold, aus dem ein Piratenschatz in der Regel besteht? Kein Problem! Sie glauben gar nicht, wie beeindruckend eine Holzkiste voller großer und kleiner Kieselsteine wirkt, wenn Sie diese Stück für Stück mit goldener Farbe bemalen und den Schatz mit ein paar bunten Glas-Dekosteinen ergänzen! Und wenn die hungrigen Seeräuber in den Tiefen der Schatzkiste noch ein paar Leckereien finden, wird es bei der anschließenden Feier mit Piratenpfanne und Malzbier bestimmt hoch hergehen!

Spiel ohne Grenzen

Mit diesem Beispiel möchte ich Ihnen zeigen, wie einfach es ist, passend zu einem Motto ein komplettes Kinderprogramm über mehrere Stunden zu gestalten. Ihrer Fantasie sind keine Grenzen gesetzt und viele Ideen lassen sich schon mit einfachsten Zutaten effektvoll umsetzen. Es ist sinnvoll, sowohl Outdoor- als auch Indoor-Programme im Repertoire zu haben. So bleiben Sie unabhängig vom Wetter und vom Veranstaltungsort. Zudem ist es praktisch, bewährte „Dauerbrenner" wie Sackhüpfen, Hindernisrennen, Verkleidungsspiele, lustige Wettbewerbe sowie ausreichend Mal- und Bastelmaterial in petto zu haben. So lassen sich Wartezeiten überbrücken, falls der Hotelgarten noch nicht für die Schatzsuche freigegeben ist oder die Einweihungsfeier des Autohauses oder des neuen Feuerwehrgebäudes länger dauert, als geplant.

Kinder sind immer ganz begeistert, wenn ein allgemein bekannter oder gerade angesagter Film oder Buchtitel aufgegriffen wird. Aber egal, ob „König der Löwen", „Dschungelbuch", „Harry Potter" oder schlicht und einfach das Thema Afrika, Urwald, Zauberschule – wichtig ist, dass Ihre Schützlinge viel Freiraum für Fantasie und einen bunten Fundus an Materialien haben. Schauen Sie sich Kinderprogramme an, blättern Sie in Kinderbüchern und beobachten Sie Kinder verschiedenster Altersstufen beim Spielen – so kommen Sie auf die besten Einfälle für Ihr Programm. Eine zusammenhängende Handlung, bei der ein Spielabschnitt den anderen ergänzt und dann in einem großen Finale mündet, gibt den Kinder das tolle Gefühl, bei einer wichtigen Sache dabei zu sein. Und wenn die älteren Kinder die wichtige Aufgabe bekommen, als „Große" die kleineren Kinder anzuleiten, aber auch die Kleinsten ihre Zuständigkeiten haben, wird sich schnell ein gutes Team ergeben.

Arbeitsmaterialien
- Kinderscheren und Klebestifte
- Stifte aller Art, Farben und Breiten
- Malblöcke, große Papierbögen oder Tapetenrollen
- Bastelmaterialien aller Art
- Stoffe, alte Kleidung und Accessoires zum Verkleiden
- Seile, Eimer, Säcke usw. für Hindernisrennen
- Kleine Geschenke und Süßigkeiten
- Erste-Hilfe-Kasten
- Fotoapparat

Im Laufe der Zeit werden Sie erkennen, wo Sie die Schwerpunkte legen möchten und welche Themen Sie für Ihre einzelnen Programmangebote dauerhaft wählen. So wird Ihre Ausstattung anwachsen und immer origineller und reichhaltiger werden. Bei Sonderwünschen Ihrer Auftraggeber kann es sinnvoll sein, gleich einen Kostenvoranschlag für die Zusatzmaterialien abzugeben.

Kreative Job-Rezepte

Werbemaßnahmen
Ein Flyer mit professionellen Fotos, einem aussagefähigen Text und einer integrierten Antwortkarte zur Anmeldung lässt sich vielseitig für Werbezwecke einsetzen. Verschicken Sie ihn zusammen mit einem originellen, neugierig machenden Anschreiben an Familien, die Ihr Angebot zur Ferienbetreuung gut gebrauchen können. Mit etwas Glück erhalten Sie die passenden Adressen direkt von den Bildungsträgern oder Gemeinden.

Oder Sie machen damit Posteinwurfsendungen in Ihrer Nachtbarschaft. Hier kennt man Sie und vertraut Ihnen bestimmt auch gern die eigenen Kinder an. Geben Sie auch immer eine Handvoll Flyer an Freunde und Bekannte weiter, die durch Kindergärten, Schulen oder Sportvereine viel mit anderen Familien zusammenkommen und Ihre Leistung weiterempfehlen können.

Zur Gewinnung von Firmenkunden bzw. zur Überzeugung kritischen Hotelpersonals bzw. der Hotelgäste lohnt es sich, eine hochwertige Referenzmappe mit den besten Fotos Ihrer bisherigen Veranstaltungen, mit Presseartikeln und Dankschreiben zu gestalten. Apropos Dankschreiben – scheuen Sie sich nicht, nach einer gelungenen Betreuungsaktion Ihre Auftraggeber um eine kurze schriftliche Referenz und eine Empfehlung im Gästebuch ihrer Homepage zu bitten.

Tipps für gute Pressearbeit
Falls sich Ihre Auftraggeber bereits um die Benachrichtigung der örtlichen Presse kümmern, können Sie sich entspannt zurücklehnen. Doch für Ihre Privatangebote lohnt es sich, den Regionalmedien, Gemeindeblättern und Stadtzeitungen in regelmäßigen Abständen einen unterhaltsamen kleinen Beitrag mit passenden Fotos zukommen zu lassen. Da ein Pressetext stets die Anmutung haben sollte, er wäre von Redakteuren und nicht von Ihnen selbst geschrieben worden, gehen Sie mit allzu werberischen Attributen besser sparsam um. Es ist üblich, den Text per E-Mail-Anhang und dann nochmals als Anhang des möglichst kurz gehaltenen E-Mail-Anschreibens zu versenden. Manche Redaktionen öffnen grundsätzlich keine Anlagen von unbekannten Absendern und wollen auf den ersten

Blick erkennen, ob sich das Weiterlesen lohnt. Hier ein Beispiel für das E-Mail-Anschreiben und den Pressetext an eine örtliche Tageszeitung:

Sehr geehrte Damen und Herren,

das sogenannte Sommerloch trifft nicht nur die Zeitungsredaktionen. Auch viele Eltern klagen in dieser Zeit über ein ganz privates „Betreuungsloch": Wohin mit den lieben Kleinen, wenn der Schwimmbadbesuch wegen Dauerregen ausfällt und die beste Freundin ihre Ferien gerade in Rimini verbringt?

Für solche „Härtefälle" bietet mein erprobtes Ferienprogramm die ideale Lösung. Es wäre schön, wenn Sie durch den Abdruck der anhängenden, kurzen Pressemitteilung den Familien die Chance geben, sich mehr Freiraum zu verschaffen und ein äußerst abwechslungsreiches Betreuungsangebot zu nutzen.

Vielen Dank im Voraus für Ihre Unterstützung. Bei einem Abdruck würde ich mich über die Zusendung eines Belegexemplars sehr freuen. Die beigefügten Fotos stehen Ihnen selbstverständlich frei zur Verfügung.

Mit freundlichen Grüßen

Pressemitteilung Kinderbetreuung „Kunterbunt" – Abenteuer statt Ferienfrust

Nürnberg, 25. Juli 2009: Viele Familien können ein Lied davon singen: Endlich haben die lang ersehnten Ferien begonnen, doch statt strahlender Gesichter gibt es nur mürrische Kinderminen. Der Dauerregen sorgt für gähnende Langeweile im Kinderzimmer und zu allem Überfluss sind die besten Freunde gleich am ersten Ferientag ins Zeltlager verschwunden. Wer jetzt nicht die Möglich-

Kreative Job-Rezepte

> keit hat, durch Zoobesuch und Spaßbad adäquate Alternativen zu bieten, suchte bisher vergeblich nach einem passenden Ferienprogramm für aufgeweckte Kids. Doch jetzt gibt es hierfür originelle Abhilfe. Jeweils an den Dienstagen der kommenden drei Wochen können die Kinder in ganz eigene Erlebniswelten abtauchen. Der Betreuungsservice „Kunterbunt" organisiert drei abwechslungsreiche Abenteuertage für Kinder von 6 bis 12 Jahren. Egal ob Piratenschatzsuche, Dschungelexkursion oder Manegenzauber – hier ist für jede Altersstufe etwas dabei. Und Sie können sich entspannt zurücklehnen und zu Hause einen geruhsamen Elterntag gönnen – wissen Sie doch Ihre lieben Kleinen gut betreut und bestens unterhalten. Die Aktionstage dauern von 10:00 bis 19:00 Uhr und beinhalten auch ein gesundes, leckeres Kinderbuffet. Da die Betreuungskapazität jeweils auf 15 Kinder beschränkt ist, wird eine schnelle Anmeldung empfohlen. Sie erreichen den Service „Kunterbunt" unter der Telefon-Nummer ...

So, jetzt haben Sie also eine Menge konkreter Anregungen. Was hält Sie jetzt noch davon ab, gleich die ersten Vorbereitungen für Ihre turbulenten Kinderpartys zu treffen? Ach so, Sie können selbstverständlich auch gern noch ein bisschen weiterlesen ...

Basteltante & Pinselheini

Sie basteln für Ihr Leben gern, gestalten Ihre Geschenke am liebsten selbst und packen diese auch mit Hingabe kunstvoll ein? Sie haben für den Hausgebrauch schon unzählige Kissen und Vorhänge genäht, Schmuck gestaltet, Bilder gemalt, Einrichtungsgegenstände kreativ „aufgemöbelt" und sogar den Garten damit bestückt? Mittlerweile ist Ihre Wohnung schon so angefüllt, dass es gar keinen Platz mehr für neue Werke gibt? Nun, dann ist es jetzt vielleicht an der Zeit, dass Sie Ihre künstlerischen Talente auch über die eigenen vier Wände hinaus ausleben. Ich möchte Ihnen hier Anregungen geben, wie und wo Sie Ihre Werke am besten zeigen und verkaufen bzw. in welcher Form Sie auch andere zum künstlerischen Schaffen inspirieren können.

Kunst findet Raum

Wenn Sie malen, bildhauern oder in anderer Form Skulpturen erschaffen und bereits über einen großen Vorrat an künstlerischen Werken verfügen, wagen Sie jetzt den Schritt in die Öffentlichkeit. Dabei müssen Sie nicht gleich bei professionellen Galerien anfragen. Halten Sie die Augen auf, in welchen öffentlichen Gebäuden, Arztpraxen, Bankfilialen, Kliniken, Hotelhallen oder Firmen-Entrees Ihre Kunst besonders gut zur Geltung käme. Spüren Sie hinein, ob die Intension Ihrer Werke mit der Stimmung in den Räumen korrespondiert bzw. dort vielleicht sogar eine positiven Ausgleich bzw. Harmonie bewirkt. Lassen Sie sich einen Termin bei der Geschäftsführung, dem Bürgermeister, Chefarzt oder Bankdirektor geben und bringen Sie zu diesem Gespräch ein paar Muster Ihrer Kunst oder zumindest Fotos mit. Raumverschönerung gegen Werbeplattform – wenn dieser Deal für beide Seiten stimmt, kann Ihr erster Schritt in die Öffentlichkeit sehr erfolgreich sein, ohne Sie viel Geld zu kosten. Und wenn es Ihnen gelingt, zur Eröffnung Ihrer Ausstellung eine kleine Vernissage zu organisieren, zu dem die Geschäftspartner und Kunden des jeweiligen Unternehmens eingeladen werden, haben Sie schon mehr als einen Fuß in der Tür. Lassen Sie sich bei der Anbringung Ihrer Bilder bzw. der Präsentation Ihrer Werke professionell beraten und äußern Sie Ihre Wünsche zum Ablauf der Vernissage. Selbstverständlich dürfen kunstvoll gestaltete Visiten- bzw. Klappkarten nicht in Ihrer Ausstattung fehlen.

Lassen Sie sich über die Schulter gucken
Haben Sie im Urlaub schon öfters das freie Leben der Straßenmaler bewundert und sich gewünscht, mal an deren Stelle zu sein? Nun ja, so ganz unbeschwert ist es sicherlich nicht, sich seinen Lebensunterhalt auf diese Weise verdienen zu müssen. Doch wenn Sie so eine leise Sehnsucht in sich tragen, mal dieses abenteuerliche Individualisten-Feeling zu verspüren, und wenn das Herstellen Ihrer Kunst publikumswirksam ist, gestatten Sie sich einen Ausflug in diese unbekannte Erfahrungswelt. Ob Sie dafür gleich zwei Wochen Urlaub nehmen und nach Ibiza fliegen oder in der Nachbarstadt mit Ihrer Staffelei auf der Brücke sitzen, bleibt Ihnen überlassen.

Oder Sie investieren ein paar freie Tage, verkaufen Ihre Objekte auf Messen und Märkten, gewähren dabei Einblicke in Ihre Arbeitsweise und präsentieren eine kleine Vorführung oder Mitmach-Aktion für die Zuschauer. Diese Idee eignet sich auch für Events wie verkaufsoffene Sonntage oder Firmenjubiläen. In vielen Unternehmen bietet sich ein günstig gelegener Büroraum oder eine kleine Halle an, welche mit wenig Aufwand in ein unkonventionelles Kreativ-Center umgestaltet werden können. Eine stimmungsvolle Dekoration und angenehm leise Hintergrundmusik schaffen die notwendige Atmosphäre. So werden die Besucher unaufdringlich dazu animiert, sich eine kreative und entspannende Rückzugspause zu gönnen. Die zu gestaltenden Objekte und die Werkstoffe können an die jeweilige Branche oder Produktpalette angepasst werden – z. B. Glaskunst für den Fensterfachbetrieb, Seidenmalerei und Stoffdruck für Modefirmen, Schlüsselanhänger oder Avantgarde-Schmuck aus Schrauben und Altmetall für die Autohäuser. Ihrer Fantasie sind keine Grenzen gesetzt. Sie werden in jedem Fall Ihren Bekanntheitsgrad steigern, durch die selbst gestalteten Erinnerungsstücke bei den Kunden lange Zeit in positiver Erinnerung bleiben und sicherlich Weiterempfehlungen generieren.

Immer hübsch verpackt
Falls Weihnachten und Geburtstage nicht ausreichen, Ihre Begabung und Begeisterung fürs Geschenke-Einpacken auszuleben, geben Sie Ihre Ideen rechtzeitig vor den Festtagen per Volkshochschulkurs weiter. Oder bieten Sie Ihre Erfahrungen und Verpackungskreationen als besonderen Kundenservice in passenden serviceorientierten Geschäften an. Weihnachtsmärkte beginnen ja immer vier Wochen vor dem Heiligen Abend, so dass sich auch dort ein interessantes Wirkungsfeld für Sie bietet. In vielen Rathäusern läuft parallel zu den Marktaktivitäten ein buntes Bürgerprogramm, in das sich Ihr Angebot ebenfalls bestens einfügen kann. Vielleicht finden Sie dann so viel Spaß an der Sache, dass sie zu einer alljährlich wiederkehrenden Dauereinrichtung wird.

Tapetenwechsel, Bastl Wastl und Co.
Sie kennen sie doch sicherlich auch, diese Fernsehsendungen: Da wirbelt ein Team von Handwerkern und Helfershelfern herum, angeführt von einer quirligen Moderatorin, die Innendekorateurin ist. Und schwuppdiwupp werden mit viel Fantasie, handwerklichem Geschick und minimalen Kosten der zugemüllte Hobbyraum in eine Wellness-Oase und das kahle Schlafzimmer in ein verführerisches Liebesnest verwandelt. Und Sie sehen dieser Metamorphose voller Begeisterung zu und denken sich: „Mensch, das könnte ich auch!" Ja Mensch, dann probieren Sie es doch aus! Denn vielleicht denken sich Ihre Nachbarn, Bekannten oder Kollegen, die auch grad diese Sendung sehen: „Mensch, sieht das toll aus! Warum kommen die nicht mal bei uns vorbei? Ob wir uns da mit unserer Wohnung bewerben sollten?" Wenn bei diesen Personen dann demnächst ein kleiner Werbebrief von Ihnen eintrifft, in dem Sie sich als Wohnraum-Fee, Zimmer-Zauberer oder am besten gleich als Team anbieten, werden die Aufträge nicht lange auf sich warten lassen.

Was Ihr Angebot jeweils beinhaltet, können Sie von Fall zu Fall entscheiden bzw. nach und nach aufstocken – von der allgemeinen Einrichtungsberatung über die individuelle Planung mit 3-D-Programm bis zu selbst entworfenen Einzelkreationen; von Einkaufsempfehlungen über Dekorationstipps bis zur aufwendigen persönlichen Farbanalyse für Wände, Vorhänge und Bodenbeläge. Entwerfen Sie am besten auch einen originellen Handzettel, den Sie in Baumärkten, Tapeten- und Teppichbodengeschäften sowie bei den Gemeinden und Wohnungsämtern auslegen und ans Schwarze Brett heften. Vorher/Nachher-Fotos wirken besonders überzeugend. Machen Sie auch das Verkaufspersonal bzw. die Amtsmitarbeiter persönlich auf Ihr Angebot aufmerksam – so wird man sich zu passender Gelegenheit eher an Ihren originellen Service erinnern.

Training on the job
Möglicherweise gibt es in Ihrer Firma ja auch das Dilemma, dass immer in letzter Minute nach einem passenden Geschenk zum Jubiläum der Kollegen oder zum runden Geburtstag der Chefin gesucht wird. Nun, wenn Sie schon so eine reiche Palette von künstlerischen Werken anzubieten haben, listen Sie Ihre Kostbarkeiten doch in einer Fotomappe auf, die Sie dann ganzjährig in der Firma auslegen. Zum einen wird man Ihnen dankbar für die originellen Geschenkideen und das Ersparen hektischer Einkaufstouren sein. Zum anderen können Ihre Kollegen jetzt auch für private Anlässe auf Sie zurückkommen und Sie im Bekanntenkreis weiterempfehlen.

Und wie sieht es so grundsätzlich in den Arbeitsräumen aus? Triste, nüchterne Bürowände? Na, da wird es doch Zeit, dass Sie eine Auswahl Ihrer schönsten Bilderwerke mitbringen und demonstrieren, wie positiv sich Kunst auf das Arbeitsklima auswirkt! Oder Sie bieten Ihre Wohnraum-Fee- oder Zimmer-Zauberer-Qualitäten auch für den Geschäftsbereich an.

Und haben Sie schon mal daran gedacht, Ihre künstlerische Ader mit Ihren Kollegen zu teilen? Sie können es Ihrer Chefin durchaus als teambildende Maßnahme verkaufen, wenn Sie ihr Ihre Idee schildern und Ihren Kunstworkshop als außergewöhnliche Betriebsfeier anbieten. Wie Sie dies im Einzelnen vorbereiten können, erfahren Sie dann gleich im anschließenden Job-Rezept.

Job-Rezept „Alle Tassen im Schrank"

Ich habe in eigener Erfahrung festgestellt, dass viele Arbeitgeber für die kreativen Ideen ihrer Mitarbeiter unerwartet offen sind. Sie finden mit Ihrem Anliegen umso eher Gehör, je mehr Sie Ihrem Chef auch den unternehmerischen Nutzen dieser Aktion deutlich machen können. Und für sich haben Sie auf diese Weise eine Abwechslung in Ihren üblichen Arbeitsabläufen sowie gleichzeitig ein wunderbares Übungsfeld für neue nebenberufliche Aktivitäten. Denn was in Ihrer Firma gut funktioniert, lässt sich vielleicht ebenso erfolgreich in anderen Unternehmen durchführen.

Überzeugende Argumente

Für das Rezept „Alle Tassen im Schrank" sprechen viele Aspekte. Diese Aktion, bei der jeder Mitarbeiter eine Kaffeetasse und einen Brotzeitteller ganz individuell für sich bemalen kann, eignet sich hervorragend für eine kostengünstige und trotzdem außergewöhnliche Betriebsfeier. Genauso passend ist die Durchführung im Rahmen einer Weihnachtsfeier und beinhaltet dabei gleich ein originelles Mitarbeitergeschenk. Vergessen Sie also nicht, bei Ihrem Vorschlag auch einen Gesamtkosten-Voranschlag abzugeben, den Sie vorzugsweise gleich pro Mitarbeiter aufteilen sollten. So können Sie auf einen Blick sehr überzeugend das Kosten/Nutzen-Verhältnis deutlich machen, denn jeder Chef weiß, wie sehr die üblichen Betriebsfeiern allein durch Essen und Getränke zu Buche schlagen.

Grundsätzlich bietet sich die die Idee bei dem fast obligatorischen Kaffeekonsum am Arbeitsplatz jederzeit auch ohne besonderen Anlass an. Arbeitspausen dienen der Entspannung, dem kreativen Auftanken und einem lockeren Austausch unter Kollegen. Und so kann der genussvolle Schluck aus der selbst bemalten Kaffeetasse bei allen Mitarbeitern immer wieder einen angenehmen Tag im Kreise netter Kollegen und das Entdecken ungeahnter künstlerischer Fertigkeiten in Erinnerung rufen.

Kreative Job-Rezepte

Voraussetzungen
- Künstlerisches Geschick und Freude an der Kreativität
- Erfahrung in Gruppenführung und im verständlichen Erklären von Arbeitsabläufen
- Bereitschaft, sich Kollegen gegenüber in eine Leitungsfunktion zu begeben
- Einfallsreichtum beim Suchen und Organisieren geeigneter Rahmenbedingungen
- Fähigkeit, Abläufe strukturiert vorzubereiten und durchzuführen
- Kenntnisse im Eigenmarketing und Kosten/Nutzen-Argumentation

Ablauf „Alle Tassen im Schrank"
Bei dieser Aktion verschönern Ihre Kollegen unter Ihrer Anleitung und mittels freier künstlerischer Assoziationen zwei unentbehrliche Begleiter des Arbeitsalltages: eine große Kaffeetasse und einen Brotzeitteller! Nach Ihrer Einführung in die vielfältigen Techniken und Möglichkeiten der Bemalung – ganz locker mit Demonstrationsobjekten und Fotovorlagen oder auch etwas aufwendiger mit einer PowerPoint-Präsentation und einem kleinen Streifzug durch die Historie der Porzellanmalerei gestaltet – empfiehlt es sich, Ihre Kollegen nebst Chef erstmal Probestückchen zum Kennenlernen der neuen Technik bemalen zu lassen. Dafür eignen sich gut Scherben von glatten Fliesen, die Sie bei vielen Fliesenherstellern oder im Baumarkt kostenlos bekommen. Diese Probestückchen fallen dann oft so hübsch aus, dass sie sich bestens zum Dekorieren eignen.

Nach dem Probelauf erhalten die Teilnehmer je eine neutrale weiße Henkeltasse und einen weißen Brotzeitteller. Durch sorgfältige Muster- und Motivauswahl gestaltet dann jeder sein ganz individuelles Kaffeegeschirr. Das schneeweiße Porzellan ist wie eine leere Leinwand, die nur darauf wartet, bemalt zu werden: Ob Namen, Ornamente, Symbole, naive Bildchen oder wilde Farbspiele – hier gibt es keine Grenzen. Die Technik ist relativ einfach und jeder kleine Fehler beim Bemalen kann problemlos mit einem Tuch entfernt werden. Nach dem Malen muss die Farbe 24 Stunden trocknen. Schauen Sie also vorher, wo sich das Geschirr für diese Zeit gut geschützt vor neugierigen Händen abstellen lässt.

Apropos gut geschützt: Machen Sie Ihre Kollegen bitte darauf aufmerksam, dass die Kleidung auch mal den ein oder anderen Farbspritzer abbekommen kann und sie dafür am besten ein altes T-Shirt mitbringen sollten.

Nach der Trocknungszeit müssen Sie das Geschirr mit der je nach Farbe vorgegebenen Zeit und Gradzahl (ca. eine halbe Stunde bei 150 bis 200 Grad) brennen. Günstig, wenn gleich in der Nähe des Arbeitsraumes in oder außerhalb Ihrer Firma ein Backofen vorhanden ist. Anderenfalls sollten Sie bei sich zu Hause je nach Menge des Geschirrs mehrmalige Brennvorgänge einplanen.

Beim gemeinsamen Decken des Kaffeetisches und beim abschließenden Kaffeeklatsch mit leckerem Kuchen oder pikanten Häppchen können Sie sich dann ausgiebig über Ihre gemeinsamen künstlerischen Erfahrungen austauschen.

Erweiterung und Verstärkung des Firmennutzens
Grundsätzlich geben Sie bzw. Ihr Chef mit diesem originellen Event der Kreativität aller teilnehmenden Kollegen ein Ventil und einen wirkungsvollen Kick, der in den einzelnen Arbeitsgebieten einiges zum Rollen bringen kann. Und dieser Kick lässt sich durch eine kleine Rezepterweiterung noch verstärken.

Eine fortschrittliche Firmenleitung wird diese Gelegenheit nutzen, eine vertrauensvolle Atmosphäre zu schaffen, in der sich die besonderen Talente und Ideen der Arbeitnehmer im Sinne aller Beteiligten zeigen können. Diese Fähigkeiten sollten wie verborgene Schätze behutsam ans Tageslicht geholt werden. Der Mitarbeiter muss sich in seiner Umgebung wohl fühlen, um so frei und sicher zu sein, sich dieser Begabungen auch bewusst zu werden und Möglichkeiten zu finden, sie bereitwillig ins Team einzubringen. So ergeben sich oft innovative Verbesserungsvorschläge für eingefahrene Firmenabläufe. Die hierfür erforderliche ungezwungene Atmosphäre lässt sich leichter fernab des üblichen Arbeitsalltages herstellen.

Vor Beginn der abschließenden Kaffeetafel oder des Abendbuffets kann dieser Tag noch einen Workshop beinhalten, bei dem jeder Firmenmitarbeiter ermutigt wird, seine Ideen und Einfälle sprudeln zu lassen und ohne Scheu mitzuteilen. Dieser Teil des Tages sollte von einem externen Dozenten geleitet werden, der im Bereich Kreativitätstechniken oder kreative Problemlösungskompetenz sowie in Firmenschulungen erfahren ist. Scheuen Sie sich nicht, diesen Ergänzungsvorschlag anzubringen. So unterstreichen Sie den Sinn und Zweck Ihrer kreativen Ambitionen.

Arbeitsmaterialien
- Pro Teilnehmer je eine große Henkeltasse sowie ein Brotzeitteller aus weißem Porzellan; verschiedenste Formen und Größen von diversen Anbietern können Sie übers Internet bzw. direkt vom Porzellanhersteller beziehen
- Porzellanmalfarbe, Pinsel in ausreichender Zahl und Pinselreiniger; alles erhältlich in Bastel- und Kreativ-Shops
- Plastikfolie zum Abdecken der Arbeitstische
- Arbeitsschürze
- Anschauungsmaterial, d.h. bereits fertig bemalte Teller und Tassen und Fotos
- Fliesenscherben
- Fotoapparat mitnehmen und nicht vor lauter Trubel vergessen, auch wirklich Fotos zu machen oder von Kollegen machen zu lassen – für die Firmenhistorie bzw. Intranet und für Angebote bei anderen Unternehmen

Rahmenbedingungen
- Dauer mit Kaffeepause, ohne Workshop und Abschluss-Essen ca. 3 bis 4 Stunden
- Ideale Teilnehmerzahl zwischen ca. 10 bis max. 25 Kollegen
- Möglichst Kurs- oder Schulungsräume außerhalb der Arbeitsstätte: am besten bei einem Seminarhotel oder Bildungsträger, der Sie auch für den nachträglichen Brennvorgang die Küche nutzen lässt und einen schönen Speiseraum bietet

Anregungen und Argumente, wie Sie Ihren Chef dazu bewegen, Sie dieses Rezept ausprobieren zu lassen, habe ich Ihnen ja eingangs schon gegeben. Sie werden sicherlich spüren, wann der Moment passend ist, um Ihr Anliegen vorzutragen. Und sollte dies im ersten Schritt gut geklappt haben, können Sie das Rezept auch bei anderen Unternehmen ausprobieren. Hierzu eine Vorlage für eine Werbe-Postkarte, die Sie auf der Vorderseite mit dem Foto einer besonders schön gelungenen Tasse verzieren und auf der Rückseite mit folgendem Text versehen können:

Alle Tassen im Schrank?

... wirklich? Dann schauen Sie lieber mal nach – vielleicht sind es ja doch noch zu wenige! Und Ihre Mitarbeiter freuen sich bestimmt, dieses unentbehrliche Arbeitsutensil mal ganz neu und frei nach ihren Wünschen gestalten zu können. Geben Sie sich und der Kreativität Ihres Teams neuen Spielraum.

Und klären Sie damit gleich die alljährlich wiederkehrende Frage: „Wo machen wir dieses Jahr unsere Weihnachtsfeier?"

Die Lösung: Das außergewöhnliche Firmenevent „Alle Tassen im Schrank"!

Neugierig geworden? Rufen Sie einfach an: Telefon ...

Ich wünsche Ihnen schon jetzt viel Erfolg bei der Umsetzung. Nun würde ich diesem Buch ja noch gerne eine richtige Tasse als Demonstrationsobjekt beifügen. Aber da dies etwas schwierig ist, geht es jetzt gleich weiter mit der nächsten Job-Idee ...

Sportskanone & Gesundheitsapostel

Freizeit ohne Sport könnten Sie sich nicht vorstellen und am liebsten würden Sie noch viel mehr Zeit damit verbringen? Sie achten sehr auf Ihre Fitness und informieren sich regelmäßig über die neuesten Ernährungstipps? Sie begeistern sich für alternative Heilmethoden, ausgefallene Massagetechniken, Energie und Ganzheitlichkeit? Sie suchen nach neuen Wegen, um Ihren Körper mehr zu spüren, besser kennen zu lernen und gesund zu erhalten? Und Sie möchten dieses Erleben auch gerne anderen näherbringen? Dann wird es Zeit, dass Sie Ihre Begeisterung mit anderen teilen.

Übung macht den Meister
Nehmen wir an, Sie lieben es, den örtlichen Fitness-Parcour Station für Station abzulaufen und beenden diesen Ausflug am liebsten mit einem Gang durch die Kneippanlage. Für diesen ganzen Ablauf benötigen Sie gut und gerne eineinhalb bis zwei Stunden. Dafür nehmen Sie sich höchsten alle ein bis zwei Wochen mal die Zeit und Muße. Obwohl Sie wissen, dass es Ihnen sehr gut täte und Leib und Seele eigentlich täglich nach frischer Luft und körperlicher Betätigung rufen.

Ich verrate Ihnen einen guten Trick, wie Sie sich selbst überlisten können, um Ihrem Lieblingssport mehr Zeit zu widmen. Nein, nein, ich meine jetzt nicht, Sie sollten sich in einer Sportgruppe oder einem Kurs anmelden. Denn auch wenn es tatsächlich mehr anspornt, wenn man sich vertraglich und finanziell verpflichtet hat, finden sich immer noch genügend Ausflüchte, um das ein oder andere Mal ausfallen zu lassen. Doch wenn Sie zum Beispiel über die Volkshochschule, ein nahe gelegenes Hotel, die Gemeinde-, Stadt- oder Kurverwaltung selbst einen Kurs oder ein fortlaufendes Fitnessprogramm anbieten, werden Sie dieser Verpflichtung sich selbst und anderen gegenüber nachkommen müssen. Erkundigen Sie sich, welche fachlichen oder körperlichen Voraussetzungen Sie mitzubringen haben. Werten Sie Ihr Angebot dann noch durch eine besonders originelle Zugabe auf: z. B. mit einem Fitnessdrink zum Auftakt und einem Glückskeks sowie dem für alle Teilnehmer kopierten Tages- oder Wochenhoroskop zum Abschluss. Oder verteilen Sie Power-Armbänder mit verschiedenen Motivationssprüchen, die Sie vor jedem Beginn nach dem Zufallsprinzip verteilen und am Schluss wieder einsammeln. Durch diese oder ähnlich nette Ergänzungen werden Sie Ihre Teilnehmer leichter zur regelmäßigen Teilnahme motivieren.

Diese Vorgehensweise lässt sich so gut wie auf alle Sportarten und Bewegungslehren anwenden. Wie sagte meine Qigong-Lehrerin so treffend: „Üben, Kinder, üben! Und damit Ihr richtig dranbleibt, gründet eine Anfängergruppe und lasst euch fürs Üben bezahlen!"

Für die kostbarsten Wochen des Jahres

Wenn Sie Ihre Urlaubszeit mit vielen körperlichen Aktivitäten verbringen und die Unterkünfte stets nach dem umfangreichsten Sportangebot bzw. ausschließlich nach Ihrem Lieblingshobby aussuchen, können Sie auch gleich probieren, einen Teil Ihrer Urlaubskosten bereits im Urlaub wieder hereinzuholen. Viele Hotels bieten ein vielfältiges Rahmenprogramm und sind immer offen für Zusatzangebote, die ihnen neue Gäste bescheren. Auf diese Weise können Sie auch Kompensationsgeschäfte aushandeln – z. B. Unterkunft und Verpflegung gegen täglich zwei Stunden Gästebetreuung in Form von Pilates, Klettern, Yoga, Nordic Walking, Aqua-Fitness etc. So gewinnen Sie erste Erfahrungen in der Durchführung von Kursen, was in einer lockeren Urlaubsatmosphäre leichter fällt. Und wenn Sie das Gefühl haben, hier genau am richtigen Platz zu sein, ist das Hotel bestimmt bereit, Ihr Angebot mehrmals jährlich zu buchen.

Urlaubsclubs bieten für die Gäste eine sehr gute und umfangreiche Ausstattung an Sportgeräten und Wellness-Einrichtungen. Es gibt kaum einen Freizeitspaß, der hier nicht anzutreffen wäre. Aufgrund dieser Vielfalt lohnt es sich hier besonders, Ihr Angebot vorzutragen. Über die Clubzentralen bringen Sie am schnellsten in Erfahrung, ob die Animateure für das Gästeprogramm ganzjährig fest engagiert werden oder die Betreuer immer wieder wechseln und Sie auch eine Chance bekommen, wenn Sie nur ein- oder zweimal pro Jahr zur Verfügung stehen. Nicht zu vergessen sind auch die großen Kreuzfahrtschiffe. Hier übertreffen sich die Anbieter gegenseitig mit ihren ausgeklügelten Programmen. Da gibt es mittlerweile nichts mehr, was es nicht gibt. Ein Bekannter von mir verbringt regelmäßig ein paar Wochen pro Jahr auf einem der großen Traumschiffe als Golflehrer! Ich war völlig erstaunt, dass man auf einem Schiff auch Golf spielen kann ...

Sportgeschäfte und Sportartikelhersteller organisieren oft Trendsport-Events, bei denen sich die Besucher in diversen Sportarten ausprobieren und Sportgeräte testen können. Je nach Größe solch einer Veranstaltung wird neben dem Firmenpersonal auch noch externe Unterstützung hinzugezogen. Erkundigen Sie sich persönlich nach diesbezüglichen Planungen. Wenn Sie ergänzende Anregungen zu dem bereits bestehenden Programm haben, scheuen Sie sich nicht, neben Ihrer personellen Unterstützung auch Ihre eigenen Ideen anzubieten. Auch Städte und Gemeinden veranstalten, bevorzugt in den Sommermonaten, Sport- und Bürgerfeste und freuen sich über jeden, der seine Erfahrungen und sein Engagement einbringt.

Wegweiser durch den Gesundheitsdschungel
Wenn Sie das Bedürfnis haben, beruflich zum Wohlbefinden Ihrer Mitmenschen beizutragen, dies jedoch erst einmal ausprobieren möchten, ohne sich sofort für ein Studium oder eine kostspielige Ausbildung zu entscheiden, bieten sich Ihnen ähnliche Wege an wie die bereits im sportlichen Bereich genannten. Ob über Hotels, Gemeinde- und Kurverwaltungen, Touristikinformationen oder Reiseveranstalter – auch hier steht Ihnen ein großes Spektrum zur Verfügung.
Auf eine weitere Chance, Ihre Tätigkeit, Ihr Angebot bekanntzumachen, möchte ich jetzt noch näher eingehen. Seit einigen Jahren gibt es das Berufsbild des Gesundheitsberaters, -trainers oder -coaches. Er hilft, dass immer vielfältiger und unübersichtlicher werdende Gesundheitswesen für die Ratsuchenden durchschaubarer zu machen. Durch das stetig wachsende Interesse an körperlicher und geistiger Fitness gibt es im alternativen Bereich immer wieder neue Berufsbezeichnungen. Hier die jeweils passende Methode und den richtigen Ansprech-

partner herauszufiltern, ist manchmal fast unmöglich. Gleichzeitig wird es aufgrund der stetigen Ausdünnung der sozialen Systeme immer wichtiger, mehr und mehr in die Selbstverantwortung für die eigene Gesundheit zu gehen und rechtzeitig auf präventive Maßnahmen zu achten. Je nach Ausbildung gibt ein Gesundheitsberater neben seiner Funktion als Wegweiser durch den Angebotsdschungel und die Weitervermittlung an Experten auch psychologische Hilfe und leitet die Klienten vor allem dazu an, gesundheitsförderndes Handeln dauerhaft in ihr Leben zu integrieren. Gesundheitsberater sind also die idealen Ansprechpartner für Sie. Zum einen bekommen Sie dort neuen Input, auf welche der vielen Behandlungsmethoden Sie sich spezialisieren können, welche Erfolge diese vorweisen und wie groß das Interesse der Klienten daran ist. Zum anderen knüpfen Sie persönliche Kontakte, damit Ihr Angebot bekannt und weiterempfohlen wird. Bieten Sie den von Ihnen kontaktierten Beratern zur besseren Beurteilung eine kostenlose Teilnahme bei Ihren Sitzungen oder eine Gratisbehandlung an. Denn wer freut sich nicht über einen Gutschein zur Meditation, für eine Reiki-Behandlung, eine Shiatsu-Massage oder über etwas Nachhilfe in Ernährungsfragen ...

Wenn Sie merken, dass Sie für sich auf dem richtigen Weg sind und dass Ihre Tätigkeit sowohl zu Ihrem als auch zum Wohlbefinden Ihrer Kunden beiträgt, werden Sie spüren, ob und wann Sie Ihre Kenntnisse erweitern und/oder durch eine Ausbildung oder ein Studium fundieren möchten.

Kreieren Sie Ihr einzigartiges Wohlfühlrezept

Sie können ein Bäcker unter zigtausenden von Bäckern sein. Doch wenn Sie in Ihr Brot Ihre ganze Sorgfalt, Ihre Erfahrung und Liebe hineingeben, wird es ein einzigartiges und völlig unverwechselbares Brot sein, das in seinem besonderen Wohlgeschmack nur von Ihnen gebacken werden kann. So ist es auch mit jeder anderen Tätigkeit. Geben Sie Ihre persönliche Prise, Ihr individuelles Aroma hinzu – und Sie werden mit Ihrer Kreation immer Ihre Nische finden und sich, wenn Sie einzigartig und authentisch bleiben, unter noch so vielen anderen, ähnlichen Anbietern behaupten.

Einhergehend mit ständig neuen Erkenntnissen über körperliche, mentale und spirituelle Zusammenhänge ergeben sich immer wieder neue Sichtweisen. Wenn altes Wissen harmonisch mit neuesten Forschungsergebnissen kombiniert wird, sind die Ergebnisse oft sehr verblüffend und wirkungsvoll.

Wenn Sie z. B. in Ihrer Aerobic-Stunde einige Teilnehmerinnen mit Figurproblemen haben und Sie sich aus eigener Erfahrung gut hineinfühlen können, „würzen" Sie Ihr Programm doch einfach mit einer speziellen Zutat: Verteilen Sie zu Beginn Ihres Kurses ein kostenloses Notizbuch nebst Stift und geben Sie regelmäßig zum Abschluss jeder Stunde einen modischen Trick sowie einem leicht zu befolgenden Ernährungstipp weiter. Oder falls Sie Klettergruppen anleiten, führen Sie vor Beginn des Kletterns eine meditative Visualisierung ein, die Ihre Teilnehmer innerlich zentriert, zur Ruhe und in ihre Kraft kommen lässt. Oder entwickeln Sie neben Ihrem bewegungsorientierten Aqua-Fitness-Programm eine ganzheitliche Wahrnehmungs- und Berührungsschulung, in der auch die sinnlichen Komponenten des Wassers zur Geltung kommen. Oder ergänzen Sie Ihre Ernährungsberatung über die Fünf-Elemente-Lehre mit dem Angebot einer Einkaufsbegleitung zum raschen Auffinden aller erforderlichen Zutaten. Oder, oder, oder ...

Training on the job
Sport und Gesundheit am Arbeitsplatz? Keine Bange, das muss ja nicht unbedingt heißen, dass Sie Ihre Kunden zu einem Tänzchen animieren oder Ihren Kollegen am Schreibtisch Reiki-Behandlungen geben. Obwohl, nicht weitersagen – auch das habe ich schon gemacht und es hat hervorragend gewirkt!

Im rein sportlichen Bereich bietet sich Ihnen vom Verteilen eines Ein-Minuten-Fitness-Handzettels für die stündliche Auflockerungspause bis zur Vorbereitung eines großen Firmenmarathons eine umfangreiche Palette von Möglichkeiten, Ihre Ambitionen im Job einzubringen. Organisieren Sie doch für Ihre Kollegen gleich nach Geschäftsschluss eine abendliche Nordic-Walking-Runde, Kletter- oder Yogastunde. Überzeugen Sie Ihren Arbeitgeber von der nachhaltigen Wirkung für die Gesundheit seiner Arbeitnehmer. So ist er vielleicht auch bereit, Ihr Engagement durch die Übernahme der Kosten für die sportliche Grundausstattung oder die Raummiete zu unterstützen. Und Ihre Kollegen können sich für Ihr außerbetriebliches Engagement mit einem kleinen finanziellen Obolus revanchieren.

Und wie bei den meisten Training-on-the-job-Ideen bietet sich auch hier die Organisation eines Betriebsausfluges an, der unter einem sportlichen Motto laufen kann. Die Sommermonate lassen sich gut für eine Kanuwanderung, eine Fahrrad-Rallye oder Mannschaftsspiele nutzen. In der Winterzeit können Sie einen originellen Paartanzkurs organisieren, vielleicht sogar selbst durchführen oder Sie kombinieren die jährliche Weihnachtsfeier mit einer Wanderung durch den verschneiten Winterwald bzw. einem abwechslungsreichen Langlauf-Parcour mit wärmenden Glühwein-Pausen.

Wenn Sie gute Kenntnisse in Massagetechniken, Bewegungslehre, Ergonomie oder Ernährungsfragen haben, erkundigen Sie sich, ob Sie diese Erfahrungen auch Ihren Kollegen zukommen lassen dürfen. Eine Kollegen-Schulung in gesundem Sitzen kombiniert mit wirkungsvollen Lockerungsübungen sowie ein kleiner Workshop zur Stressbewältigung oder eine Präsentation über die richtige Zusammenstellung energiereicher Bürokost ist für Sie ein gutes Training und für Ihren Arbeitgeber eine nachhaltige Investition. Und wenn Sie sich trauen, fragen Sie nach, ob Sie Ihre fühligen Hände nicht nur an der Tastatur, sondern auch mal im Rahmen einer mobilen Kollegen-Massage einsetzen dürfen.

Job-Rezept „Symphonie der Sinne"

Egal, welche Methoden zur Gesunderhaltung Sie anzubieten haben, das hier vorgestellte Rezept lässt sich in seiner Zusammenstellung und Durchführung auf viele Bereiche übertragen. Wir gehen davon aus, Sie haben sich in einer bestimmten Massagetechnik weitergebildet und möchten mit Ihrem Angebot nebenberuflich Fuß fassen. Nun stehen Sie zwangsläufig in Konkurrenz mit unzähligen Physiotherapeuten, Massagepraxen und privaten Anbietern. Wie heben Sie sich also am besten von der Menge der Angebote ab, wo und wie machen Sie am wirkungsvollsten auf Ihr Angebot aufmerksam?

Komponieren Sie Ihr individuelles Wohlfühl-Programm
Auch hier gilt wieder: Bleiben Sie sich treu, bringen Sie sich in Ihrer Körperarbeit mit genau den Fähigkeiten und Intentionen ein, die Sie ausmachen. Bevor Sie Ihren Massageraum auswählen und ausgestalten, bevor Sie mit irgendeinem Werbetext Kunden anvisieren – gehen Sie in sich und finden Sie heraus, was genau es ist, was Sie Ihren Kunden als Wohlgefühl und Impuls mitgeben möchten. Ist es pure Tiefenentspannung, euphorisierender Sinnesgenuss, eine feinere Körperwahrnehmung, innerer Frieden und Klarheit? Streben Sie ein rein körperliches Wohlgefühl an oder richtet sich Ihre Behandlung mehr auf Bewusstwerdung und Lösungsprozesse? Natürlich spricht nichts dagegen, das ganze Programm im Angebot zu haben. Doch ganz bestimmt gibt es auch bei Ihnen einen Aspekt, der Sie besonders auszeichnet, eine Wirkung, die Sie immer wieder erzielen, ein ganz bestimmtes Wohlgefühl, das die von Ihnen „beglückten" Personen wiederholt beschreiben. Und wenn dem so ist und Sie hier etwas konkret benennen können, machen Sie diese Wirkung zum zentralen Merkmal Ihrer Massagen und Ihrer Angebotsbeschreibung.

Voraussetzungen
- Ausreichend Erfahrung in der angebotenen Massagetechnik
- Kenntnisse über anatomische und energetische Zusammenhänge
- Vertrauen in die eigene Intuition
- Einfühlungsvermögen und die Fähigkeit zum Zuhören
- Fähigkeit zum Einlassen auf Menschen, aber auch zur gesunden Abgrenzung
- Eigener oder angemieteter Massageraum

Wenn die soeben beschriebenen Voraussetzungen gegeben sind und Sie Ihr individuelles Wohlfühl-Programm zusammengestellt haben, wird es Zeit, Ihren eigenen oder den angemieteten Massageraum ganz nach Ihrem persönlichen Geschmack, aber auch nach praktischen Gesichtspunkte (gute Erreichbarkeit, ruhige Lage, Räume mit Frischluftzufuhr etc.) auszuwählen und zu gestalten. Es gibt natürlich ein paar grundsätzliche Dinge, die sich bei der Ausstattung schon vielfach bewährt haben:

Ausstattung
- Massageliege/n
- Stuhl und/oder Kleiderstange zum Ablegen der Kundegarderobe
- Gesprächs – bzw. Ruheecke mit Kuschelkissen
- Regale und Ablageflächen für Handtücher, Öle etc.
- Hi-Fi-Anlage und Entspannungsmusik
- Natürliche, dezente Raumdüfte
- Aufbauende Bücher und Zeitschriften
- Zusatzausstattung ganz nach persönlichem Geschmack: Zimmerspringbrunnen, Klangschalen, Kartensets etc.

Machen Sie von sich reden
Ohne kassenärztliche Zulassung bzw. die Zusammenarbeit mit einer schulmedizinisch oder naturheilkundlich zugelassenen Praxis werden Sie viel Eigeninitiative zeigen müssen, um neue Kunden zu gewinnen. Daher wäre es von Anfang an sinnvoll, wenn Sie die positiven Rückmeldungen Ihrer Kunden schriftlich notieren. Fragen Sie nach, ob Sie diese Statements, möglichst mit Namensnennung, als Referenzen für Ihre Internetseite und in Ihren Werbemitteln verwenden dürfen.

Animieren Sie Ihre Kunden unaufdringlich dazu, Sie bei Zufriedenheit in ihrem Bekanntenkreis weiterzuempfehlen – ganz nach dem Motto „Gutes mit Freunden teilen". Legen Sie sich dafür z. B. als Kundegeschenke schicke und praktische Visitenkartenetuis zu, die es bei Werbemittelherstellern günstig zu kaufen gibt, und füllen Sie diese mit zwei, drei Ihrer Visitenkarten. Bereiten Sie auch schön gestaltete Gutscheine vor, die Ihre Kunden verschenken können. Doch bevor Sie Ihre Kunden dazu bringen, Sie weiterzuempfehlen, müssen Sie diese ja erst einmal für sich gewinnen. Hier stehen Ihnen viele Wege offen.

Kreative Job-Rezepte

Zielgruppe und Werbemaßnahmen

Grundsätzlich sind Flyer sehr praktisch, um ausführlich auf Ihr Angebot aufmerksam zu machen und gleichzeitig einen Antwortabschnitt beifügen zu können. Doch wenn Ihre schönen, hochwertigen Werbemittel in einer Vielzahl anderer Angebote wie auf einem Wühltisch untergehen, ist es schade ums Geld. Verteilen Sie daher Ihre Flyer, Handzettel, Postkarten etc. möglichst nur dort, wo sie gut sichtbar sind und wirklich wahrgenommen werden. Und stellen Sie sich, egal ob in der Apotheke, im Bioladen, im Kindergarten, beim Friseur, im Sportgeschäft etc., dem Personal persönlich vor und machen Sie auf die positiven Effekte Ihrer Dienstleistung aufmerksam. Bei einem Geschäft mit sehr großer Kundenfrequenz und einem absolut passenden Klientel loht es sich zur Intensivierung der Weiterempfehlungen, dem Personal auch mal einen Massage-Gutschein zu schenken,

Wenn Sie keine Publikumsscheu haben, bieten Sie den Volkshochschulen, Sportvereinen, Frauenkreisen oder Männergruppen einen kostenlosen Kurzvortrag inklusive einer Schnupperstunde an. So geben Sie Ihren Besuchern einen interessanten Exkurs über die Wirkungsweise Ihrer Arbeit und hinterlassen gleichzeitig einen ersten Eindruck Ihres besonderen Wohlfühl-Effekts. Und vergessen Sie nicht, für die Schnupperstunde schön gestaltete Geschenk-Gutscheine vorzubereiten. Falls der Termin zufällig in der Vorweihnachtszeit liegt, passen Sie die Gestaltung entsprechend festlich an. Sie werden sehen, eine ansprechende Optik wird den Verkauf enorm beleben! Und zum Abschluss ein kleines Textbeispiel zur Gestaltung eines Geschenk-Gutscheines für jede Gelegenheit.

Ihr Verwöhn-Gutschein

**Eine Stunde pures Wohlgefühl ...
... weil Sie es sich wert sind!**

Lassen Sie sich entführen auf eine Reise,
bei der Körper, Geist und Seele auftanken.
Erfahren Sie die wohltuende Wirkung
einer rundum belebenden Energiemassage.

Abschied vom Alltagsstress – eine Stunde Auszeit.
Eine kostbare Stunde nur für Sie!

Bringen Sie nichts mit außer der Bereitschaft,
sich rundherum verwöhnen zu lassen.
Alles andere ist für Sie bevorbereitet.

Energie-Massagen

Kurzurlaub für Körper, Geist und Seele

*Terminvereinbarung für Ihren Wohlfühl-Genuss
in Ihrem Massage-Studio ...*

Habe ich Sie jetzt so inspiriert, dass Sie am liebsten zum Telefonhörer greifen und eine Entspannungsmassage buchen möchten? Keine schlechte Idee! Aber nehmen Sie vielleicht besser das Buch mit. Es kann sein, dass Sie ein bisschen Wartezeit in Kauf nehmen müssen! Oder Sie lesen gleich hier und jetzt weiter ...

Katzenmami & Hundefreund

Schlägt Ihr Herz für sämtliche Vierbeiner dieser Welt? Oder haben Sie eine Vorliebe für eine ganz besondere Spezies? Bringt Sie Tierquälerei in Rage und setzen Sie sich engagiert für die Belange bedrohter Tierarten ein? Zeigen Tiere ein natürliches Zutrauen zu Ihnen und haben Sie das Gefühl, in ihren Seelen lesen zu können? Fühlen Sie sich erst so richtig wohl, wenn es um Sie herum maunzt und bellt und zwitschert, wenn weiches Fell um Ihre Beine streift und Sie mit freudigen Lauten begrüßt werden? Haben Sie Ihre Tierliebe bisher immer zurückgestellt, weil sich in Ihrem privaten wie beruflichen Umfeld anscheinend kein Raum dafür findet? Dann lassen Sie uns doch gemeinsam schauen, ob sich hier nicht Nischen und Gelegenheiten entdecken lassen, an die Sie bisher noch gar nicht gedacht haben!

Betreuungsdienste für Haustiere

Falls Sie abgesehen vom Berufsleben auch im privaten Bereich aufgrund Ihrer Wohnungssituation keine Möglichkeit sehen, Ihre Tierliebe in den Alltag zu integrieren, gibt es so einige Alternativen, die Sie vielleicht noch nie bedacht haben.

Wie wäre es zum Beispiel mit dem Angebot eines privaten Gassi-Service? Vielleicht gibt es in Ihrer Nachbarschaft beruflich stark involvierte oder alte bzw. gehbehinderte Menschen, die sehr froh darüber wären, wenn ihr Hund mehr Auslauf hätte. Ihr Angebot kann durch den regelmäßigen Kontakt mit den geliebten Vierbeinern Ihr Herz erfreuen und Ihnen ein finanzielles Zubrot bescheren. Kleinanzeigen, Aushänge oder das Verteilen von Handzetteln in passenden öffentlichen Einrichtungen und Geschäften werden Ihnen schnell zeigen, wie groß der Bedarf für Ihren Gassi-Service ist.

Neben der Wohnsituation gibt es oft noch andere Gründe, die dagegensprechen, sich ein eigenes Haustier anzuschaffen und damit eine langfristige Verpflichtung einzugehen. Doch vielleicht wäre es Ihnen zumindest sporadisch möglich, Hunden, Katzen, Vögeln, Meerschweinchen etc. ein Heim auf Zeit zu geben und damit andere Tierbesitzer zu entlasten. Sie leisten damit einen aktiven Beitrag zum Tierschutz, genießen den Umgang mit Tieren und profitieren durch eine angemessene Bezahlung für Ihren Dienstleistung. Im Internet gibt es verschiedene Tier-Sitter-Dienste, die Ihnen die Suche nach einem passenden „Gast-Tier" abnehmen und sich freuen, neue und verlässliche „Gastgeber" in ihre Kartei zu bekommen. Zusätzlich können Sie auch auf eigene Faust durch Aushänge im Supermarkt, in der Gemeinde- oder Stadtverwaltung und durch Kleinanzeigen auf Ihre Dienste aufmerksam machen. Wenn Sie sich umfangreicher engagieren möchten, bieten Sie Ihren Kunden den Einsatz direkt vor Ort an. So gibt es sogar „Kuh- oder Pferde-Sitter", die ihre Tierliebe und Erfahrungen als kompetente Urlaubs- oder Krankheitsvertretung auf Bauern- oder Reiterhöfen zur Verfügung stellen. Wenn Sie dann Ihre sporadischen Tier-Sitter-Dienste hautberuflich ausweiten möchten, verfügen Sie über reichlich Erfahrung, um z. B. eine Katzenpension zu eröffnen oder eine Tierfarm zu betreiben.

Um Tierliebe intensiver und bei Bedarf auch exotischer auszuleben, finden sich unter www.freiwilligenarbeit.de sowie bei diversen anderen Internet-Plattformen (siehe Anhang) nationale und internationale Projekte. Ihr Einsatz erfolgt in der Regel ehrenamtlich und unentgeltlich, wird Ihnen aber mit Sicherheit unbezahlbare Erfahrungen bescheren. Weltweit gibt es vielfältigste Tierschutzprojekte, die es ermöglichen, Ihre Arbeitskraft für einen befristeten Zeitraum ganz in den Dienst für Tiere zu stellen. Diese Dienste reichen vom Reinigen der Käfige bei Tierpflegestationen über die Betreuung und Versorgung von Tieren auf einer Farm bis zum Aufpeppeln von verwaisten Jungtieren sowie deren Wiedereingliederung in die Wildnis. Die Tätigkeiten sind genauso vielfältig wie die Tiere, mit denen Sie es zu tun haben.

Training on the job
Corporate Social Responsibility – kürzer und weniger zungenbrecherisch CSR genannt, ist ein Geschäftsbereich, auf den ein vorausschauend denkendes Unternehmen nicht mehr verzichten sollte. Vereinfacht ausgedrückt umschreibt

CSR die freiwillige, mittlerweile immer selbstverständlicher gewordene, unternehmerische Verantwortung für soziale und nachhaltige Belange. Wird dieser Bereich in Ihrer Firma bisher noch recht stiefmütterlich behandelt? Dann können Sie mit dem Vorschlag eines geeigneten Hilfsprojektes für Tiere und dem Hinweis auf den daraus resultierenden Imagegewinn eine Lücke schließen. Die kontinuierliche Imagepflege darf auch gern in Ihren Händen liegen. Ihre Firma kann zum Beispiel Patenschaften für bedrohte Tierarten wie z. B. Delfine, Wale, Wildvögel oder Orang-Utans übernehmen und Sie berichten in der Firmenzeitschrift regelmäßig über das Leben „Ihrer" Schützlinge.

Ebenso können Sie Kampagnen organisieren, bei denen das ganze Firmenteam Einsatz zeigt: Sammelaktionen und Hilfseinsätze für das örtliche Tierheim, Schutzprojekte für heimische Tierarten oder Unterstützungskampagnen für Gnadenhöfe wie beispielsweise das österreichische Gut Aiderbichl – Sie werden sicherlich den optimal passenden Einsatzort auswählen. Auch hier wird das aufrichtige, soziale Engagement Ihrer Firma seine verdiente Außenwirkung erzielen, die Sie durch kontinuierliche Pressekontakte noch gezielt verstärken können.

Oder lassen Sie eine Erweiterung des zu Kapitelbeginn beschriebenen Betreuungsdienstes auch Ihrer Firma zu Gute kommen. Wenn Sie in einem Großunternehmen arbeiten, wird es immer wieder Kollegen geben, die durch Urlaub, Krankheit oder Auslandseinsätze in die Verlegenheit kommen, ihre Haustiere nicht ausreichend versorgen bzw. unterbringen zu können. In diesem Fall können Sie, falls es sich mit Ihrer eigenen Arbeitszeit vereinbaren lässt, persönlich einspringen. Oder Sie bauen sich nach und nach ein Team von Helfershelfern auf, das Ihr Betreuungsspektrum erweitert und Ihr Angebot noch flexibler und kundenorientierter macht.

Tierisch menschlich: Telefon-Seelsorge
Auf diese Idee wurde ich durch einen verzweifelten abendlichen Anruf gebracht. Eine Haustier-unerfahrene Freundin hatte einen Hamster in Pflege genommen.

Hamster schlafen ja tagsüber und verkriechen sich dann stundenlang in ihr Häuschen. So ging meine Freundin davon aus, dass sie ihren kleinen Gast wenigstens abends zu sehen bekäme. Doch ihr Pflegekind war ein recht verschlafener Geselle, der sie stundenlang warten ließ. Irgendwann hielt sie es nicht mehr aus und machte sich riesige Sorgen. Sie klopfte an das Häuschen, legte leckerstes Futter vor den Eingang – aber nichts rührte sich. Oh Gott, wenn der Hamster jetzt gestorben wäre, ausgerechnet in ihrer Obhut! Wen konnte sie nur um Rat fragen? Sie wählte kurzerhand meine Nummer. Und während wir uns lang und breit über das Schlafverhalten von Hamstern unterhielten, streckte das Tierchen vorsichtig seine Schnuppernase heraus und meiner Freundin fiel ein riesiger Stein vom Herzen.

So entstand die Idee von der tierischen Telefon-Seelsorge. Wer in ähnlichen Situationen oder einfach bei Unsicherheiten bezüglich seines Haustieres nicht gleich den Tierarzt konsultieren möchte, kann sich hier Rat holen. In einer Art Bereitschaftsdienst stehen bei der Seelsorge ein oder mehrere Personen parat, die ihre vielfältigen privaten Erfahrungen im Umgang mit Tieren zur Verfügung stellen. Hierbei geht es weniger um das Thema Krankheit, für das ja in der Regel der Tierarzt zuständig ist, sondern es können Fragen zur Ernährung, Pflege, Erziehung etc. gestellt werden.

Ganz nach Ihrer Intention können Sie diese Dienstleistung ehrenamtlich oder gegen eine Gebühr ausüben. Falls gegen Bezahlung, kann sich diese entweder aus einer gebührenpflichtigen Telefonnummer oder durch ein kleines Beratungshonorar ergeben. Bekannt wird Ihre „Tierische Hotline" durch die Verteilung von Handzetteln in allen Zoohandlungen und Tierbedarfsgeschäften Ihrer Umgebung, durch Einträge in die örtlichen Telefonbücher und die Adresslisten der Stadt- und Gemeindeverwaltungen sowie durch Links auf Internetseiten von Tierschutzvereinigungen bzw. durch einen Hinweis auf Ihrer eigenen Homepage in Verbindung mit einer guten Positionierung in den Suchmaschinen.

… Kreative Job-Rezepte

Job-Rezept „Streicheleinheiten"

Tiere sind für viele Menschen wunderbare Lebensgefährten. Und wer allein lebt, genießt ihre Anwesenheit ganz besonders. Tiere vermitteln Nähe, bringen Entspannung, Aufmunterung und Lebensfreude. Sie geben ihren Frauchen und Herrchen das gute Gefühl, gebraucht zu werden, und halten diese durch Pflege und Auslauf aktiv und fit. Doch was tun, wenn die äußeren Umstände, wie zum Beispiel die Wohnsituation oder der gesundheitliche Zustand, es nicht (mehr) ermöglichen, ein eigenes Tier zu halten? Hier können Sie im Rahmen eines privaten Besuchsdienstes Abhilfe schaffen.

Zielgruppen für Ihren tierischen Besuchsdienst
Tiere öffnen auf wundersame Weise die Herzen und fördern damit die Kontaktfähigkeit und Gesprächsbereitschaft. An diesen „tierischen" Gaben können Sie vor allem die Menschen teilhaben lassen, die sonst auf die wohltuende Anwesenheit von Tieren verzichten müssten. Ihr Besuchsdienst eignet sich daher ganz besonders für

- Seniorenheime und betreute Wohneinrichtungen,
- Pflegeheime und Kliniken,
- Schulen, Kindergärten und Kindertagesstätten,
- Kinderheime,
- Behindertenheime und Wohneinrichtungen für Menschen mit Handicap
- Justizvollzugsanstalten und
- Einzelpersonen mit einer körperlichen oder seelischen Beeinträchtigung.

Es ist für die Gesundheit und das Sozialverhalten sehr förderlich, Tiere zu streicheln, zu füttern und spazieren zu führen, jemanden ein bisschen zu umsorgen und so Schritt für Schritt mehr Verantwortung für sich selbst und für andere zu übernehmen. Die Freude, die Sie mit Ihrer Arbeit vermitteln, das Strahlen, das Sie damit in die Gesichter zaubern, die Fortschritte, die Sie damit erreichen, werden Sie vielfach für Ihren Einsatz belohnen!

Voraussetzungen
- Offenheit, Kontaktfähigkeit und Kommunikationsbereitschaft
- Der tiefe Wunsch, seinen Mitmenschen eine Freude zu machen
- Menschliches Einfühlungsvermögen und ein „guter Draht" zu Tieren
- Gut sozialisierte Tiere mit einem freundlichen, belastbaren Wesen
- Fahrzeug mit Eignung zum Transport der Tiere
- Überzeugungsvermögen und Begeisterungsfähigkeit fürs eigene Anliegen

Wenn Sie bezüglich Ihrer Voraussetzungen und der Eignung Ihrer eigenen bzw. der über Bekannte oder Tierheime geliehenen Tiere Fragen haben, gibt es zahlreiche Gruppen und Vereine, die Ihnen Auskunft geben können oder preiswerte Einführungskurse anbieten. Sie erfahren dort auch – beispielsweise über den Verein „Tiere helfen Menschen" (www.thmev.de) – die Adressen von Einrichtungen, die bereits das Einverständnis für Tierbesuche gegeben haben. Dies sollte Sie jedoch nicht davon abhalten, es auch bei den Stellen und Institutionen zu versuchen, die Sie nicht auf den Listen finden.

Weiterbildung
Wenn Sie nach einigen Erfahrungen in Ihrem Betreuungsdienst zu der Erkenntnis kommen, hier Ihre Berufung gefunden zu haben, gibt es vielfältige Möglichkeiten, Ihre Kenntnisse zu vertiefen und damit zu einem regelmäßigen Einkommen zu gelangen.

Mit einer Weiterbildung zum so genannten „Pferdeflüsterer" können Sie unsicheren Menschen zu mehr Stärke und Selbstbewusstsein verhelfen. Die Delfintherapie hat schon bei vielen Menschen mit Angst- und Kontaktstörungen, insbesondere bei autistischen Kindern, zu erstaunlichen Erfolgen geführt. Blinde oder taube, alte oder demente Menschen, die sich bereits völlig in sich selbst zurückgezogen haben, kann man über ein Tier oft noch erreichen, wenn alle anderen Maßnahmen bereits gescheitert sind. Dazu müssen die Tiere nicht besonders exotisch sein, es reicht, wenn die Patienten regelmäßig weiches Fell spüren und das natürliche Zutrauen von Vierbeinern wie Hunden oder Katzen erfahren dürfen. Strecken Sie zuversichtlich Ihre „Fühler" aus – und zu gegebener Zeit werden Sie bestimmt die passende tiertherapeutische Ausbildung finden.

Vorwort zur Briefvorlage
Da es mittlerweile hinreichend bekannt ist, dass gerade ältere Menschen besonders positiv auf den Umgang mit Tieren reagieren, werden in Seniorenheimen nun vermehrt Haustiere zugelassen oder zumindest regelmäßige Besuche von geduldigen, geschulten Tieren und ihren Begleitpersonen gestattet.

Je nach Gütegrad der Einrichtung ist für solche Zusatzangebote ein kleineres oder größeres Budget vorhanden, so dass Sie neben den Selbstkosten auch einen dementsprechenden Obolus verlangen können. Es hängt jedoch vor allem von der persönlichen Einstellung der leitenden Personen und von Ihrem Überzeugungstalent ab, ob Sie einen „Fuß in die Tür" kriegen. Die nachfolgende Textvorlage für ein Schreiben an Senioreneinrichtungen soll Sie dabei als „Türöffner" unterstützen.

Sehr geehrte/r Frau/Herr ...,

bei einem kürzlichen Besuch in Ihrem Hause habe ich erfreut festgestellt, mit wie viel Engagement Sie sich für das Wohlbefinden Ihrer Bewohner einsetzen. Die Senioren schienen sich bei Ihnen sehr zu Hause und bestens versorgt zu fühlen. Doch trotz Ihres großen Einsatzes stoßen Sie sicherlich manchmal an zeitliche und personelle Grenzen. Wenn es zum Beispiel darum geht, dem großen Bedürfnis alter Menschen nach Nähe und Zuwendung nachzukommen, kann dieser Wunsch meist nur durch Angehörige ausreichend erfüllt werden. Aber was tun, wenn diese nur sporadisch zu Besuch kommen? An dieser Stelle möchte ich Ihnen gern meine Unterstützung anbieten.

Ich besuche regelmäßig Seniorenheime und soziale Einrichtungen mit meinen zwei Hunden Ben, einem Golden Retriever, und Sally, einer liebenswürdigen Promenadenmischung. Beide Hunde zeichnen sich durch ein sehr ausgeglichenes und freundliches Wesen aus. Wohin sie auch kommen, werden sie begeistert aufgenommen. Die Senioren blühen durch die Nähe meiner beiden Kameraden richtiggehend auf und selbst sehr zurückgezogene alte Menschen zeigen sich bei ihnen überraschend offen und kontaktfreudig. Neben dem Streicheln, Spielen oder dem einfach erfreuten Beobachten gebe ich den Senioren auch Gelegenheit zum begleiteten Ausführen der Hunde. So konnten bewegungsarme Bewohner schon oft zu erstaunlicher Aktivität motiviert werden. Meine Erfahrungen haben gezeigt, dass mit regelmäßigen Besuchen therapeutische Ziele erreicht werden können.

Auf dem beiliegenden Foto sehen Sie mich und meine Vierbeiner bei unserer gemeinsamen Arbeit. Doch Ben und Sally persönlich zu erleben, verschafft noch einen tieferen Eindruck. Daher freuen wir uns sehr, wenn wir uns persönlich bei Ihnen vorstellen dürfen und dabei alle weiteren Voraussetzungen für ein eventuelles Zusammenwirken mit Ihrer Einrichtung absprechen können.

Mit freundlichen Grüßen

...

Sind Sie jetzt „auf den Hund gekommen" oder würden Sie lieber mit anderen Tieren arbeiten? Wie auch immer – lesen Sie noch ein bisschen weiter, bevor Sie sich endgültig entscheiden.

Modepuppe & Dressman

Haben Sie sich schon immer mit Interesse verfolgt, was modisch grad „on vogue" ist? Legen Sie selbst Wert auf eine gepflegte Erscheinung und einen eigenen Stil? Verfügen Sie über ein sicheres Farbgefühl, haben Sie ein Händchen für passende Materialien und harmonische Schnitte und Formen? Sind Sie einfallsreich im Mixen verschiedener Modestile und erzielen dabei verblüffend originelle Ergebnisse? Können Sie Nähen und Schneidern oder mit ein paar Handgriffen gebrauchte Kleidung schick aufpeppen?

Mode kann sowohl Ausdruck sprudelnder Lebensfreude als auch melancholischer Stimmungen, purer Weiblichkeit und starker Männlichkeit sein. Kurzum – Mode macht Spaß! Sie ist allgegenwärtig und bietet für diejenigen, die sich in diesem Bereich glücklich und zu Hause fühlen, ein faszinierendes Betätigungsfeld. Und wenn sich Ihr Faible für Mode in Ihrem bisherigen Berufsleben nur in Form schicker Büro- und Abend-Outfits ausdrückte, finden sich hier vielleicht völlig neue Perspektiven für Sie.

Persönlicher Shopping-Guide
Ob Sie es glauben oder nicht – es gibt tatsächlich Männer, die gerne Shoppen gehen! Und die dabei das verbreitete männliche Einkaufsritual „Ein Geschäft – ein Griff – einmal probieren – passt! – zahlen!" in einen geradezu weiblich anmutenden, ausgiebigen Einkaufsgenuss verwandeln können. Wenn Sie zu dieser seltenen Spezies gehören und Ihre Einkaufsfreude mit männlicher Zielstrebigkeit und einem feinen Gespür für Farbe und Stil verbinden, stellen Sie diese herausragenden Fähigkeiten doch bitte Ihren Geschlechtsgenossen zur Verfügung! Denn auch der größte Modemuffel kommt nicht drum herum, sich für einen neuen Job oder einen festlichen Anlass mal länger als nur fünf Minuten und auch mal woanders als nur im Jeans-Store aufzuhalten. Wenn er dann einen männlichen Begleiter neben sich hat, der ihn sicher durch die Vielfalt der Abteilungen und Modestile lotst und gleichzeitig Verständnis für

gängige männliche Vorlieben und Abneigungen hat, gewinnt die Shopping-Tour einen richtigen Spaß-Faktor.

Geschickt formulierte, in Stadtmagazinen platzierte Anzeigen sowie Reklamekarten in Bars und Kinos machen Ihren Service bekannt. Natürlich funktioniert er auch, wenn Sie als Frau Ihre modische Beratungshilfe anbieten. Hier weitet sich die Zielgruppe noch auf die Damenwelt aus, was Ihren möglichen Kundenkreis natürlich enorm vergrößert.

Schrank-Visite
Meine Schwester arbeitete viele Jahre in einer sehr feinen Boutique in der Großstadt. Die wohlhabende, weibliche Klientel verfügte zwar über genügend Geld, aber nicht zwangsläufig über ein sicheres Gespür für den passenden Kleidungsstil. So nahmen viele Kundinnen gerne das Angebot meiner Schwester für eine private Modeberatung in Anspruch. Die Beratung fand außerhalb der Geschäftszeiten statt, war mit einem Hausbesuch verbunden und beinhaltete auch die ausführliche Visite der Kleiderschränke. Gemeinsam wurde beraten, für welche Stücke die Zeit des Abschieds gekommen war, was wie modisch umgearbeitet werden konnte und was noch wunderbar passte. Die so entstandenen Lücken wurden dann mit einer Liste über die fehlenden Basics und vielseitig einsetzbaren Accessoires gefüllt. Die Kundinnen waren glücklich über den perfekten Home-Service, meine Schwester freute sich über den guten Nebenverdienst und die Boutique-Inhaberin war begeistert über die Zusatzverkäufe – ein perfektes Win-win-Geschäft für alle Beteiligten!

Schick aufgepeppt
Secondhandshops sind, ebenso wie Sonderaktionen für reduzierte Markenkleidung, der Theaterfundus und Flohmärkte, eine wahre Fundgrube an originellen Einzelstücken. Und falls Sie schon lange vom eigenen Modegeschäft träumen, aber weder Geld noch Lust haben, mit teuren Labels Abnahmeverträge zu schließen, sind Sie hier an der richtigen Adresse. Haben Sie neben Ihrem Blick fürs Ausgefallene auch Geschick darin, farblose Klassiker mit einer Handvoll

Zutaten perfekt aufzufrischen, können Sie sich auf diese Weise ein buntes Angebot an unverwechselbaren Einzelmodellen schaffen. Es wird sich schnell herumsprechen, dass in Ihrem Geschäft kein Stück dem anderen gleicht und jeder Kunde ein Unikat erwirbt. Besorgen Sie nach und nach einen großen Fundus an Knöpfen, Krägen, Bordüren, Glitzersteinen, Gürteln, Bündchen, Stoff- und Lederresten etc. Je größer Ihre Auswahl an Zutaten ist, umso mehr Ideen und Spielraum haben Sie für die perfekte Umgestaltung – zu Neudeutsch „re-styling" oder „pimpen". Stellen Sie sich am besten Ihre Nähmaschine in den Laden, damit ziehen Sie die Blicke auf sich und gleichzeitig Umänderungsaufträge an Land.

Leben Sie Ihre Leidenschaft für Mode und Nähen durch eine Kooperation mit Nähmaschinenherstellern oder -geschäften aus. In den Abendstunden, wenn die Verkaufsräume leer sind, können Sie dort „Pimp your dress-Workshops" anbieten, bei denen die Teilnehmer eigene Kleidungsstücke unter Ihrer Anleitung modisch aufpeppen. Wenn Sie dabei gute Erfahrungen gesammelt haben, lässt sich diese Idee auf die Einrichtung eines eigenen Näh-Cafés ausweiten. Ähnlich wie in einem Internet-Café können Ihre Kunden hier jederzeit vorbeischauen, einen Kaffee trinken, sich an eine Nähmaschine setzen und loslegen. Die Benutzung der Nähmaschinen wird einfach mit einem festen Stundensatz bezahlt. Als Angebotsergänzung werden Nähkurse für besonders knifflige Techniken oder zu bestimmten Themen, wie Hochzeit oder Fasching, von Ihren Kunden bestimmt gern angenommen.

Training on the job

Jetzt wird es wirklich schwierig – ob mir dazu etwas einfällt? Nun ja, wenn Sie in einer Putzkolonne arbeiten, können Sie darüber nachdenken, den Latzhosen und Kittelschürzen Ihrer Kollegen einen völlig neuen Look zu verpassen. Im fröhlich schicken Outfit putzt es sich bestimmt leichter und besser.

Oder ringt der Außendienst Ihrer Firma gerade mit allen Finessen darum, neue Kunden zu bekommen und neue Märkte zu erschließen? Jeder weiß, wie wichtig und bleibend der erste Eindruck ist, also ist jetzt der richtige Zeitpunkt für eine professionelle Farb- und Stilberatung im Kollegenkreis. Zum Glück haben inzwischen auch die Männer mehr Gestaltungsspielraum und können von Ihren Kenntnissen profitieren, um beim nächsten Termin mit einem stimmigen Outfit nebst farblich passendem Hemd und Krawatte zu punkten. Und Ihre Kolleginnen erfahren von Ihnen, wie sie mit der positiven Wirkung farbiger Schals und Schultertücher ihr Wohlbefinden steigern können.

Wenn Sie in einer reinen Damenabteilung arbeiten, wäre es denkbar, dass Sie Ihre Kolleginnen statt zum nächsten Betriebsessen in einen „Pimp your dress-Workshop" entführen. Und sollte es Ihnen tatsächlich gelingen, hierfür auch männliche Kollegen zu begeistern, dann teilen Sie mir diese Sensation bitte unbedingt mit!

Falls Sie bei einem Großunternehmen arbeiten, wagen Sie mal etwas nie Dagewesenes: Organisieren Sie eine Kleider-Tauschbörse! Natürlich können Sie diese Idee auch auf eine allgemeine Tauschbörse ausdehnen, aber noch sind wir ja beim Thema Mode ... Die Firmenleitung und der Betriebsrat dürften über solch eine menschlich verbindende Aktion begeistert sein! Übers Schauen, Vergleichen und Handeln ergeben sich ungeahnte Gesprächtiefen zwischen Mitarbeitern, die sich vorher vielleicht noch niemals zu Gesicht bekommen haben. Und wenn bei der Tauschbörse auch noch die Familienmitglieder dabei sind, ergibt sich ein weiteres verbindendes Element.

Job-Rezept „Laufsteg frei!"

Unabhängig von der Exzentrik der großen Modeshows, bei denen häufig Mode, die niemand außer den Models tragen kann, gezeigt wird, macht das Vorführen neuester Modetrends, abwechslungsreich verpackt in eine bunte Bühnenshow, sehr viel Spaß beim Zuschauen sowie beim Organisieren. Wenn durch dieses Event kleinen Einzelhändlern und/oder kreativen Freischaffenden eine wirkungsvolle Plattform für ihre Geschäfte und ihre Arbeit geboten wird, ist damit allen Beteiligten gedient. Da mein Fundus an beruflichen Erfahrungen auch das jahrelange Organisieren und Moderieren von Modenschauen beinhaltet, gebe ich meine Erfahrungen gern an Sie weiter.

Voraussetzungen
- Gespür und Begeisterung für modische Trends und Tricks
- Flexibilität und Gelassenheit bei unvorhergesehenen Situationen
- Kreativität und Originalität beim Suchen und Schaffen geeigneter Rahmenbedingungen – „durch einfachste Mittel bestmögliche Wirkung erzielen"
- Fähigkeit, Abläufe strukturiert vorzubereiten und durchzuführen
- Sicheres öffentliches Auftreten und Moderationstalent
- Erfahrung in Event-Konzeption, im Eigenmarketing und einer überzeugenden Kosten/Nutzen-Argumentation
- Freude am Netzwerken, also am stimmigen Zusammenführen von Menschen, Unternehmen und Gelegenheiten

Bringen Sie Leben in die Gassen
Jede Stadtverwaltung hat ein Ressort und Budget fürs Stadtmarketing. Veranstaltungen in diesem Bereich werden finanziell meist auf mehrere Schultern verteilt. Jeder Beteiligte, der von der Gemeinschaftsaktion profitiert, leistet seinen Obolus und hat damit auch größtmögliches Interesse am Gelingen der Aktion. Dieses gemeinsame Interesse bzw. der daraus resultierende Nutzen ist Ihr roter Faden für das Rezept „Laufsteg frei!". Je nach dem Verhältnis von Engagement zum Werbenutzen zahlen die beteiligten Firmen entweder einen größeren oder kleineren Beitrag oder nehmen kostenfrei oder sogar gegen eine angemessene Aufwandsentschädigung teil, wenn der Aufwand sehr groß ist und zudem eine Kostenentlastung für Sie darstellt. Sie sehen schon, das Konzept ist in der finanziellen Planung, in der Organisation und Durchführung sehr umfangreich und kann nicht nebenbei von einem Stadtangestellten betreut werden, über dessen Schreibtisch gleichzeitig noch viele andere Aktionen laufen. Der klare Vorteil für das Stadtmarketing: Durchführung einer sehr werbewirksamen Aktion zur Belebung der Innenstadt ohne zusätzliche Arbeitsbelastung des eigenen Ressorts!

Ideale Partner für ein perfektes Konzept

Als weitere Partner kommen Geschäfte für Mode (auch Kindermode) und modisches Zubehör wie Taschen, Schuhe, Gürtel, Wäsche, Brillen und Sportartikel in Frage. Vielleicht gibt es in Ihrer Stadt auch Schneiderateliers, Wollgeschäfte, Schmuckdesigner und ähnliche Kreativshops, die für ihre selbst entworfenen Produkte werben möchten. Holen Sie auch Gartencenter oder Floristikläden für die Dekoration sowie Friseure und Kosmetikstudios fürs Styling mit ins Boot.

Zum Vorführen der Mode können Sie eine professionelle Agentur buchen, was jedoch finanziell sehr zu Buche schlägt. Eine andere Möglichkeit ist eine Kooperation mit örtlichen Tanzschulen oder Fitnessstudios. Bei genügend Vorlaufzeit können diese das Einstudieren eine Choreographie übernehmen und ihre Mitglieder als Models verpflichten. Eventuell läuft dann nicht alles superprofessionell und nach Gardemaß, aber mit sehr viel Charme und Natürlichkeit ab. Die frischgebackenen männlichen wie weiblichen, kleinen wie großen Models werden für einen enormen Werbeeffekt in ihrem Familien- und Bekanntenkreis sorgen. Vielleicht haben Sie mit den Tanz- oder Fitness-Studios auch gleich die richtigen Ansprechpartner für Musik und Beschallung. Ansonsten wenden Sie sich zu diesem Zweck an Musikschulen, Bands mit entsprechendem Equipment oder gleich an professionelle Tonstudios.

Durchführungsorte

Egal, wo Sie die Veranstaltung durchführen, werden Sie einen Laufsteg benötigen. Er besteht in der Regel aus einzelnen, höhenverstellbaren Elementen, die Sie meist über Sportvereine, Stadthallen, Eventagenturen oder Radiosender ausleihen können. Wenn die Modenschau als großer Zuschauermagnet im Freien, z. B. am Marktplatz oder mitten in der Fußgängerzone, stattfinden soll, ist eine Überdachung sehr empfehlenswert. Es wäre zu schade, wenn Ihre sorgsam vorbereitete Veranstaltung wegen ein paar Regentropfen ins Wasser fiele!

Auf der sicheren Seite sind Sie natürlich in geschlossenen Räumlichkeiten, in Shopping-Centern oder überdachten Einkaufspassagen, im Foyer des Rathauses,

Kreative Job-Rezepte

in Stadthallen, Autohäusern oder Möbelcentern. Grundsätzlich sollte die Aktion an einem gut zugänglichen, zentral gelegenen Ort stattfinden, der rundherum viel Platz für Zuschauer bietet. Und vergessen Sie nicht die Models, die unmittelbar am Laufsteg gelegen einen blickgeschützten Raum zum Umziehen und Vorbereiten benötigen. Da es sich um eine öffentliche Veranstaltung handelt, empfiehlt es sich grundsätzlich, mindestens zwei bis drei komplette Durchläufe während der Hauptgeschäftszeiten einzuplanen.

Werbemittel
- Hohe Anzahl ansprechend gestalteter Handzettel mit genauen Terminen, Namen und Logos aller Teilnehmer zur Auslage bei den beteiligten Firmen und in allen städtischen Einrichtungen
- Plakate für alle beteiligten Unternehmen und zur öffentlichen Plakatierung
- Versendung eines originellen Pressetextes
- Ein oder mehrere Anzeigen in Stadtmagazinen und Tageszeitungen
- Kurzhinweise für möglichst kostenlose Veranstaltungstipps in allen Medien
- Empfehlungsmanagement und Mundpropaganda mit Anregung an Ihre Firmenpartner und deren Personal, stets ein paar Handzettel zur spontanen Weitergabe bei sich zu tragen

Sie haben es bestimmt schon gemerkt: Die Vorbereitung einer Modenschau ist sehr komplex und benötigt eine sorgfältige Planung sowie langfristige Vorbereitung. Wenn Sie sich an das Rezept „Laufsteg frei!" heranwagen möchten, sollten Sie den ersten Termin mit einigen Monaten Vorlaufzeit jeweils im Frühjahr oder Herbst zu Beginn der Sommer- oder Wintersaison anvisieren. Und einen kleinen Part dieser umfangreichen Arbeit nehme ich Ihnen mit einem Textvorschlag für die Plakate gleich mal ab!

Kreative Job-Rezepte

Summer Feeling

„Ich hab nichts anzuzieh'n …"
Dieser Satz gilt nicht!

Einladung
zur Stadtmodenschau „Summer Feeling"

Lassen Sie sich inspirieren!

Kostenlose Vorführungen
am … jeweils ab 11:00, 14:00 und 17:00 Uhr

(Logos aller beteiligten Firmen)

„Laufsteg frei!" ist Ihr Rezept? Wie schön! Und wie gesagt – jetzt gibt es viel für Sie zu tun. Doch da auch in den nachfolgenden Kapiteln so einige gute Tipps zu finden sind, lohnt es sich bestimmt, wenn Sie noch ein bisschen weiter lesen, bevor Sie richtig loslegen …

Kreative Job-Rezepte

 Kochmamsell & Tortenheber

Sie kochen, backen, braten und brutzeln für Ihr Leben gern? Es ist für Sie eine schöne Herausforderung, bei Familien- oder Freundesfeiern eine ganze Meute kulinarisch zu verwöhnen? Sie sammeln Kochbücher und Rezepte nicht nur als Staubfänger und Schubladenfüller, sondern probieren regelmäßig neue Zubereitungsvarianten aus? Ein eigenes Lokal ist schon lange Ihr Traum und bei jedem französischen Film möchten Sie am liebsten mit dem Chef de Cuisine tauschen? Sie wären gerne ein bisschen prominent, damit sich das Publikum für Ihre Passion genauso interessiert wie für einen Kochlöffel schwingenden Talkmaster oder eine telegene Sterne-Köchin?

Nun ja, wäre es nicht sinnvoll, wenn Sie sich und Ihre Küchenkünste erst einmal selbst etwas wichtiger nähmen? Dafür greife ich dann gleich mal auf meinen Bekannten- und Freundeskreis zurück. Und wenn Sie sich fragen, ob einige der Beispiele nicht auch in das Kapitel „Sportskanone und Gesundheitsapostel" passen würden, dann gebe ich Ihnen völlig Recht – die Bereiche Ernährung und Gesundheit gehören eng zusammen.

Von der Kräuterhexe bis zum Erotik Food
Eine langjährige Freundin ist begeisterte Anlage- und Versicherungsberaterin. Aber in ihr schlägt auch ein grünes Kräuterhexen-Herz. Im Rahmen von Wochenend-Workshops hat sie sich in die Tiefen der Kräuterkunde einweihen lassen und findet mehr und mehr Freude daran, diese Kenntnisse weiterzugeben. So durfte ich sie für einen Betriebsausflug vermitteln, bei dem die eingesammelten Kräuter dann gleich in einem Kräuterquark und in der Zubereitung leckerer Salatdressings fürs Abendbuffet Verwendung fanden. Sie probiert, variiert und kreiert zudem die tollsten Rezepte mit Wildkräutern und hat ihr Angebot jetzt auf Kräuter-Kochkurse erweitert.

Eine weitere Freundin von mir ist Ernährungsberaterin und sehr bewandert in der chinesischen Fünf-Elemente-Lehre. Auf dieser Basis bot sie eine Zeitlang die Ausarbeitung eines individuellen Ernährungsfahrplans zusammen mit Kochkursen in der Küche ihrer Kunden an bzw. organisierte auch Kochabende für mehrere Teilnehmer bei sich daheim. Unter der Werbeaussage „Statt Shoppingtour, Wellnesstag oder Konzertbesuch – wie wäre es, wenn Sie sich mit Ihrer besten Freundin/Ihrem besten Freund mal etwas besonders Gutes und Gesundes gönnen? Gemeinsam Kochen verbindet Leib und Seele!" hatte sie damit viel Erfolg und Freude. Selbstverständlich lässt sich dieses Angebot auf so gut wie alle kulinarischen Richtungen bis hin zum speziellen Erotic-Food-Kochevent mit aphrodisierenden Zutaten ausdehnen ...

Einer meiner Auftraggeber hat sein Büro in einem großen Business-Park, der außer einer Bäckerei und einer Werkskantine keine Möglichkeiten zum Essengehen oder zum Einkaufen bietet. Ich frage ich mich, warum es in vielen Business-Parks immer noch keinen privaten Lieferservice gibt, der über den obligatorischen Pizzakurier hinausgeht. Knackige Sandwich-Variationen mit vielen frischen Zutaten und ausgefallenen Brotaufstrichen ergänzt durch Vollkorn-Früchte-Quarks und Obstsalate oder Gourmet-Burger mit edelsten Belegen würden reißenden Absatz finden. Vorher noch flugs das gesunde Angebot in einer ansprechenden Speisekarte zusammengefasst, auf stabilem Papier ausgedruckt und zusammen mit einem lustigen Magnet-Pin für den Firmenkühlschrank persönlich in den Büros verteilt – und das Telefon dürfte nicht mehr stillstehen. Natürlich muss solch ein Service vorher genau durchkalkuliert werden und auch die Logistik klappen. Doch mit entsprechender Vorbereitung und Unterstützung verlässlicher Fahrradkuriere könnte das Geschäft gut florieren. Und ich bin mir sicher, nicht nur in Nürnberg gibt es Geschäftsviertel, die „ernährungstechnisch" unterversorgt sind.

Der Traum vom eigenen Lokal
Ich erwähnte es ja schon – viele französische Filme sind sehr inspirierend für romantische Tagträume vom eigenen kleinen Café oder Bistro. Aber wie das so ist in der schönen, heilen Filmwelt, sieht man darin selten, wie weh Füße und

Rücken nach getaner Arbeit tun. Oder dass nachts noch der Boden geschrubbt werden muss und der Kassensturz oft enttäuschend ausfällt. Nein, ich möchte hier ganz bestimmt kein übertriebenes Negativ-Bild an die Wand malen. Aber dieses Szenario durchläuft zumindest in den Anfangszeiten so gut wie jeder selbstständige Gastronom. Und darum sollte man sich vorher klar darüber sein, welchen Preis man für die Verwirklichung seines Traumes zahlen möchte. Denn die Entscheidung zwischen einem Frühstückscafé oder einer Cocktailbar unterscheidet sich weniger durch die Getränkekarte als durch die Öffnungszeiten. Darum wäre es sehr hilfreich, vorher möglichst reichhaltige Erfahrungen in den verschiedensten Gastronomiebereichen zu machen. Man lernt dabei seine eigene Belastbarkeit kennen, erfährt, wo die eigenen Stärken und Schwächen liegen, und kann sich dabei gleich überlegen, was im eigenen Betrieb anders bzw. besser laufen sollte. Denn es gibt kaum einen Service bzw. ein Angebot, das sich nicht noch verbessern ließe.

Auch wenn es natürlich nicht viel Sinn macht, die vierte Chocolaterie in der Fußgängerzone zu eröffnen, sollten Sie trotzdem bei der kulinarischen Richtung bleiben, die Ihnen besonders liegt und Freude macht. Dann suchen Sie sich halt einen anderen, ebenso Erfolg versprechenden Standort. Es heißt ja nicht umsonst, Liebe geht durch den Magen. Und Ihre Gäste werden es spüren, ob Sie mit Hingabe kochen und Ihr Lokal mit Begeisterung führen oder ob Sie nur halbherzig versuchen, eine gastronomische Lücke zu füllen.

Training on the job
Da ja die meisten Betriebsfeiern mit „Zusammen-schön-essen-gehen" verbunden sind, liegt es natürlich nahe, Ihre Kochkünste in einem angenehmen Ambiente für Ihre Kollegen zu präsentieren. Sie selbst werden von dem Zusammensein dann allerdings am wenigsten haben, weil Sie ja in der Küche stehen. Aber so haben Sie die Möglichkeit, Ihre Fähigkeiten vor einem sowohl kritischen als auch wohlwollenden Publikum zu testen. Und es versteht sich von selbst, dass Sie vorher mit Ihrem Arbeitgeber neben den Kosten für die Zutaten eine entsprechende Vergütung für Ihren Einsatz ausgehandelt haben.

Abgewandelt können Sie auch Ihre Kollegen mit ins Geschehen einbinden. Dann es ist in jedem Fall notwendig, eine ausreichend große Küche zur Verfügung zu haben. Der Kollegen-Kochkurs findet dann natürlich unter Ihrer Anleitung statt. Fürs Aufräumen und Abwaschen sollten Sie möglichst ein oder zwei außerbetriebliche Helfer organisieren. Zum Abschluss bekommt jeder Mitarbeiter noch feierlich ein Zertifikat überreicht und wird mit Kochmütze auf einem Foto verewigt. Und das in der Firmenküche aufgehängte Gruppenfoto wird immer wieder an die schöne Gemeinschaftsaktion erinnern.

Doch auch während des Arbeitsalltages wird ja gegessen. Und das meist ziemlich unregelmäßig und ungesund. Viele Arbeitnehmer essen fast nie warm, weil es die Hektik des Arbeitsalltages nicht zulässt. Eine frühere Kollegin von mir, die in der Freizeit für Studenten kochte, kalkulierte zweimal pro Woche noch ein paar warme Essen mehr für ihre Geschäftskollegen mit ein. Sie erkundigte sich vorher immer, wer Appetit auf ihre einfachen, aber sehr leckeren Gerichte hatte. Sie wärmte das Essen kurz in der Firmenküche auf, erhielt dafür von jedem einen angemessenen Umkostenbeitrag und so waren alle mit diesem Arrangement höchst zufrieden.

Vielleicht können Sie Ihre Team- oder Firmenleitung davon überzeugen, wie viel Schwung und Energie ein knackiger Salat oder eine Frischspeise aus Obst und Nüssen in die Arbeit bringt. Und wenn Sie sich für die Zeit der Einkäufe und der Zubereitung von einer langweiligen Routinearbeit freistellen lassen, verbringen Sie zumindest diesen Teil Ihrer Arbeitszeit mit einer Tätigkeit, die Ihnen wesentlich mehr Freude macht und womit Sie zugleich Ihren Kollegen etwas Gutes tun.

Job-Rezept „Fitte Schnitte"

Es ist leider ein weit verbreitetes Dilemma, dass vielen Schulkindern keine Pausenbrote mehr mitgegeben werden. Stattdessen bekommen auch schon die ganz Kleinen regelmäßig Geld in die Hand gedrückt oder sie gehen sogar völlig leer aus und verbringen die Schulstunden mit knurrendem Magen. Auch wenn die Verantwortung hierfür eigentlich in den Familien liegt, geht es doch erstmal darum, die Kinder besser zu versorgen und dann parallel zu versuchen, Veränderungen bei den Eltern zu bewirken. Hier gibt es also einige Ansätze, um Ihre „Küchenqualitäten" zum Gemeinwohl einzusetzen.

So könnten Sie einen regelmäßigen Lieferservice für frische Schülerkost anbieten. Dieser Service wäre dann noch praktisch ergänzt durch Vorträge (z. B. bei Elternsprechtagen oder Schulveranstaltungen) und Kochkurse für preiswerte und gesunde sowie schnell und einfach zuzubereitende Mahlzeiten. Teilnehmer der Kurse sollten sowohl die Eltern als auch die Schüler sein. Da fast jede Schule eine Schulküche hat, liegt es nahe, diese Kurse auch direkt in den Schulen anzubieten.

Helfen, wo's grad nötig ist
Zuerst einmal sollten Sie sich für eine Schule entscheiden, die Ihre Unterstützung zum einen gut gebrauchen kann und zum anderen auch gerne annimmt. Sprechen Sie mit den Stadtverwaltungen, mit den Schul-, Jugend- und Sozialämtern sowie mit den Schuldirektoren und den Elternbeiräten. In den Stadtverwaltungen und Ämtern können Sie erfragen, welche Schule Ihre Unterstützung am besten gebrauchen kann und ob und wie Ihre Tätigkeit finanziell gefördert wird. Schule und Elternbeirat können Ihnen sagen, ob es innerhalb der Schule noch freie Gelder für die Bezuschussung einer gesunden Schülerkost gibt, und Ihnen dabei helfen, Spendenaktionen ins Leben zu rufen.

Voraussetzungen
- Erfahren und schnell im Zubereiten vieler Mahlzeiten
- Fantasie und Einfallsreichtum bei Zusammenstellung und Dekoration der Speisen
- Kenntnisse günstiger und gesunder Einkaufsquellen
- Eigener PKW – am besten Kombifahrzeug oder Kleinbus
- Gesundheitszeugnis

- Beharrlichkeit im Durchsetzen neuer Pläne und Ideen
- Begeisterungsfähigkeit und Ausdauer im Leisten von Überzeugungsarbeit
- Organisationstalent und strukturierte, termingenaue Arbeitsweise
- Freude am Umgang mit kleinen und großen Schülern

Suchen Sie sich Unterstützung
Wenn Sie feststellen, dass der Bedarf wächst und zu groß wird, um ihn alleine zu stillen, suchen Sie sich Unterstützung. Sie können sich z. B. mit Anwohnern aus der Nachbarschaft der Schule oder mit Eltern von Schülern organisieren. Oder, falls Sie kirchlich oder in Vereinen engagiert sind, machen Sie dort auf Ihr Schulprojekt aufmerksam. Vielleicht finden sich Personen, die Sie nicht nur aktiv, sondern auch finanziell unterstützen möchten. Versuchen Sie, über die örtlichen Mitteilungsblätter und Zeitungen einen kostenlosen Abdruck für einen, schon möglichst von Ihnen vorformulierten, Pressetext zu Ihrer Aktion inklusive eines Spendenaufrufs zu erwirken.

Alles, was schmeckt – Ideen für „Fitte Schnitte"
Da die Kinder ihre Pausen ja zur Bewegung und am besten an der frischen Luft nutzen sollten, werden Sie die Schüler kaum dazu bewegen, sich wie in einer Werkskantine lange anzustellen und sich brav an Tische zu setzen. Also empfiehlt sich für eine rasche Ausgabe in der kostbaren Pausenzeit umweltfreundliches Wegwerf-Geschirr, das sich auch für warme Speisen eignet sowie Servietten und bei Bedarf Einmal-Besteck.

Die Speisen können zwischen warm und kalt, herzhaft und süß variieren und sollten leicht und gesund, schnell in der Zubereitung und möglichst günstig in den Kosten sein. Um zu vermeiden, dass ein Teil Ihres liebevoll zubereiteten Essens weggeworfen wird (wobei Sie Reste immer an die örtliche Tafel oder ähnliche Organisationen weitergeben können), ist es sinnvoll, einen kleinen Kostenbeitrag zu verlangen. So wird sich jeder Schüler überlegen, was ihm schmeckt, bevor er sich wahllos für etwas entscheidet, nur weil es umsonst ist.

Rezepte für die „Fitte Schnitte" sollten variantenreich sein und natürlich nicht nur die üblichen belegten Brote beinhalten. Hier ein paar Anregungen:
- Vollkorndoppeldecker mit Schinken oder Käse und Salatblättern
- Halbe Vollkornbrötchen mit Mozzarella und Tomaten
- Pizzabrötchen mit Tomaten-/Paprika-Würfeln und Käse überbacken
- Backkartoffeln und Kräuterquark
- Gefüllte Paprika mit Reis- und/oder Hackfleischfüllung
- Nudeln mit Gemüse-Potpourri
- Apfel-Gries mit Zimt und Roh-Rohrzucker
- Früchtequark mit Nusskrokant

So werben Sie für Ihr Schulprojekt
Neben der regen Mundpropaganda in Ihrem Freundes- und Bekanntenkreis, neben Spendenappellen, dem Lancieren von Pressetexten und dem Anwerben von fleißigen Helfern gibt es noch eine Zielgruppe, die es unbedingt zu gewinnen gilt: die Eltern der Schüler!

Wenn Sie mit Ihrem Projekt starten, verfassen Sie erst ein kleines Info-Schreiben, das Sie über die Lehrer an die Schüler verteilen lassen. Mit einem Antwortzettel zum Abschneiden bringen Sie in Erfahrung, wie die Eltern und Schüler über Ihre Aktion denken, und bekommen dadurch wichtige Anhaltspunkte, bevor Sie loslegen. Und nun ein paar Sätze und Formulierungen, mit denen Sie sowohl Eltern als auch Schüler für Ihre Aktion begeistern können:

> *Coole Snacks für coole Kids: Schülerservice „Fitte Schnitte"*
>
> Liebe Eltern,
> das kennen Sie bestimmt auch: Wieder mal war der Morgen so hektisch, dass keine Zeit blieb, um noch rechtzeitig die Pausenbrote für Ihr Kind zu machen. Und so drücken Sie ihm grad noch zwei Euro in die Hand. Doch ganz wohl ist Ihnen nicht dabei – wissen Sie doch genau, dass dafür sowieso nur Süßigkeiten oder fette Pommes gekauft werden.

Ich kenne dieses Dilemma aus eigener Erfahrung. Und ich weiß noch, dass ich mir in solchen Situationen immer den Service gewünscht hätte, den ich Ihnen jetzt anbieten kann: gesunde, leckere Pausensnacks für Kinder – sehr günstig und mit Liebe zubereitet!

Mit meiner wöchentlich wechselnden Speisekarte, die von Bratapfel mit Vanillesoße bis zum knusprigen Kartoffelgratin reicht, wissen Sie Ihre Kinder jetzt immer bestens versorgt. Sie haben die Möglichkeit, jeweils einen Wochencoupon für 5 Snacks zum Preis von 7,50 Euro im Voraus zu bestellen. Oder Sie nutzen mein Angebot nur hin und wieder und bei einem Einzelpreis von 1,80 Euro ohne Vorbestellung.

Gern würde ich erfahren, wie Ihnen und Ihren Kindern dieser Service gefällt und welche Anregungen Sie vielleicht dazu haben. Bitte teilen Sie mir Ihre Meinung unverbindlich auf dem Antwortcoupon mit und geben Sie den Abschnitt Ihrem Kind wieder in die Schule mit. Herzlichen Dank!

Mit freundlichen Grüßen
(Unterschrift)

Vor- und Nachname SchülerIn _____ Klasse _____
■ Ihr Service interessiert uns   ■ Ihr Service interessiert uns nicht
Wir würden Ihr Angebot nutzen ■ mit Wochencoupons ■ hin und wieder
Unsere Anregungen _____
_____
_____
_____
Unterschrift Eltern _____

Ich freue mich sehr, wenn ich Sie mir dieser Idee für eine gemeinnützige Arbeit begeistern konnte. Und wenn Ihnen jetzt dauernd neue Ideen für „Fitte Schnitte-Rezepte" einfallen, dann legen Sie doch einfach Notizblock und Stift neben das Buch, während Sie noch ein bisschen weiter lesen ...

Reisefee & Weltenbummler

Der Traum vom eigenen Reisebüro – tragen auch Sie ihn mit sich herum? Oder sehen Sie sich eher selbst unterwegs – als Globetrotter zu fernen Kontinenten oder als Reisebegleiter zu nahen Ausflugsperlen? Würden Sie Ihre fundierten Kenntnisse über faszinierende Regionen der Welt gern mit anderen teilen und sie mit Ihrer Begeisterung anstecken? Haben Sie Ideen und Visionen von Reisearten, die in ihrer Kombination neu und unverwechselbar sind? Sehen Sie Reisen nicht nur unter dem Aspekt „Ankommen und Urlaub machen", sondern auch unter der Devise „Unterwegs sein und neue Horizonte entdecken"? Lassen Sie uns gemeinsam schauen, welche unerforschten Wunsch-Landschaften da noch in Ihnen entdeckt werden möchten!

Weltweit Erfahrungen sammeln
Vielleicht ist ja momentan erst so eine vage Ahnung in Ihnen. Es zieht Sie weg – aber wohin, wissen Sie noch nicht genau. Dann ist eventuell jetzt der richtige Zeitpunkt für eine Auszeit, die Sie Ihrem inneren Sehnen ein Stück näher bringt. Wenn Sie diese Auszeit dann noch in einem Ihrer „Sehnsuchtsländer" verbringen und dabei z. B. im Rahmen einer gemeinnützigen Arbeit Land und Leute hautnah kennen lernen, sind Sie schon ein gutes Stück weiter auf Ihrem neuen beruflichen Erfahrungsweg. Es gibt verschiedene weltweit arbeitende Organisationen, die diese Chance nicht nur jungen Menschen, sondern auch noch den älteren Semestern bieten. „TravelWorks" (www.travelworks.de) z. B. hat sogenannte 30plus-Programme, bei denen auch Teilnehmer bis zu 65 Jahren willkommen sind. Hier haben Sie die Möglichkeit, im Ausland Land, Leute und Kultur kennen zu lernen, neue Eindrücke zu sammeln und sich für Menschen, für Tiere oder für die Natur einzusetzen. Die Angebote reichen über den ganzen Globus, erfordern einen Zeiteinsatz zwischen 4 bis 12 Wochen, sind finanziell erschwinglich und lassen sich in der Regel an individuelle Ansprüche und berufliche Gegebenheiten anpassen.

Wenn Ihnen dieser Schritt derzeit unrealisierbar erscheint, sind auch Reisemessen eine gute Gelegenheit, sich den Duft der großen weiten Welt um die Nase wehen zu lassen. Auch wenn Sie dabei nur als Messehostess Werbeartikel verkaufen oder als Standhelfer Prospekte verteilen, werden Sie in jedem Fall neue Kontakte knüpfen und viele Eindrücke bekommen, die Sie als Fingerzeige für Ihre nächsten Schritte sehen können.

Werbereisen für Ihr Traumland

Wenn es bereits spezielle Traumländer gibt, die Sie kennen und lieben gelernt haben und die Ihr Herz immer wieder höherschlagen lassen, setzen Sie sich mit deren deutschen Fremdenverkehrsbüros in Verbindung. Tourismusbüros im Ausland haben die Aufgabe, in der Fremde für ihre Heimatländer zu werben. Im Internet finden Sie unter www.fremdenverkehrsamt.com auf einen Blick alle Niederlassungen in Deutschland. Geben Sie sich als begeisterter Fan und Reise-Botschafter des betreffenden Landes zu erkennen und fragen Sie nach, ob Bedarf an personeller bzw. werblicher Unterstützung, eventuell bei der Akquise, bei Messeauftritten und anderen Infoveranstaltungen besteht. So machen Sie nach und nach Erfahrungen, aus denen sich Ihre individuelle Angebotsidee herauskristallisieren kann. Oder Sie erkundigen sich, ob Interesse an der Organisation einer Journalistenreise besteht. Wenn Sie dabei gleich einen vor Begeisterung flammenden Einladungsbrief an die Medien präsentieren und zudem anbieten, die Kontaktierung der Redaktionen selbst zu übernehmen, gibt es bestimmt auch für Sie einen Gratisplatz auf der Teilnehmerliste. Danach wird sich auch hier wieder eins zum anderen ergeben.

Kreieren Sie unvergessliche Erlebnisse

Es gibt etliche Internetportale im Inland und Ausland, in denen Sie Erlebnisangebote als außergewöhnliche Geschenkideen einstellen können und damit einen umfangreichen Interessentenkreis ansprechen. Ihr Erlebnisgeschenk wird als Gutschein gebucht, die Terminierung ist entweder von Ihnen vorgegeben oder kann auch individuell mit dem Käufer bzw. dem Beschenkten abgesprochen werden. So können Sie private Hobbys mit Ihrer Reiselust verbinden und z. B.

einen mobilen Silber- oder Goldschmiedekurs für Trauringe anbieten, auf alten Schlössern und Burgen Braukurse durchführen oder spirituelle Nachtwanderungen in Ihrer bevorzugten Urlaubsregion organisieren. Wenn Ihre Erlebnisangebote von mehreren Teilnehmern gebucht werden müssen, um für Sie rentabel zu sein, sollten Sie Ihre Werbung nicht auf die Internet-Plattformen beschränken, sondern sie auch auf Hotels und Fremdenverkehrsämter in den Durchführungsorten ausdehnen.

Warum in der Ferne schweifen ...

... denn das Gute liegt so nah! Manchmal kann es das Fernweh schon mindern, wenn man nur mit Menschen aus anderen Ländern Kontakt hat. Und man kann dabei gleichzeitig lernen, die vertraute heimatliche Umgebung mit den Augen fremder Besucher zu betrachten. Wie das gehen soll? Versuchen Sie sich als Gästeführer in Ihrer Heimatregion! In Städten aller Größenordnung gibt es immer wieder neuen Personalbedarf für den Fremdenverkehr. Zur Vorbereitung wird Ihnen umfangreiches Informationsmaterial zur Verfügung gestellt, damit Sie anschließend eine Prüfung in Stadt- bzw. Ortsgeschichte ablegen können. Es gehen jedoch immer mehr Fremdenverkehrsämter dazu über, die Führungen über die bloße Information hinaus in Form kleiner Events zu präsentieren. Nutzen Sie diesen Trend, um neben Ihrer Unternehmungslust und eventuellen Sprachkenntnissen auch noch andere besondere Vorlieben und Fähigkeiten auszuleben.

Haben Sie Freude am Verkleiden und am Schauspiel, schlüpfen Sie einfach in eine für Sie passende Rolle. So können Sie mit einer Narrenkappe à la Till Eulenspiegel die Daten und Fakten humorvoll verpackt und augenzwinkernd präsentieren. Oder Sie lassen sich als Dienstmädchen bei Ihren morgendlichen Botengängen begleiten. Für Furore unter jungen Gästen sorgen Sie ganz sicher mit Nachtführungen auf Inlinern und im blinkenden Glitzerdress à la Starlight Express.

Mögen Sie es etwas langsamer? Dann bieten Sie unter dem Motto „Ohne Hast und Eile" Spezialführungen für ältere Menschen an. Diese Führungen können neben Hotels und Pensionen auch über Altenheime angeboten werden. So wird den Angehörigen eine Alternative zu den üblichen sonntäglichen Besuchen geboten und die alten Menschen erleben auf behutsame Weise neue Eindrücke im Kreise ihrer Familie. Und für Sie ist es erleichternd, wenn die älteren Menschen jemanden zur Betreuung an ihrer Seite haben. Abgewandelt können Sie, ebenfalls in Begleitung der Angehörigen, literarische Spaziergänge in einer landschaftlich schönen, für alte Menschen gut begehbaren Umgebung durchführen und diese Ausflüge durch das Vortragen kleiner Gedichte oder Geschichten ergänzen.

Informieren Sie sich ausführlich, welches Angebot in Ihrer Umgebung schon vorhanden ist und welche Lücken es noch gibt, die zu Ihnen passen würden. Von der geheimnisvollen Jagd nach dem Schatz der Herzogin über die staunende Besichtigungstour eines weltfremden Außerirdischen bis zur musikalischen Punker-Session quer durch Industriegebiete und Plattenbausiedlungen – Ihrer Fantasie sind keine Grenzen gesetzt. Hauptsache, Sie vermitteln Ihren Gästen fundierte Informationen und interessante Blickwinkel auf unterhaltsame und außergewöhnliche Weise.

Training on the job

Fast in jedem Unternehmen, in das mich mein langes Angestelltenleben geführt hatte, wurde mir die Organisation der Betriebsausflüge übertragen. So war es mir auch nach meiner Tätigkeit in der Reisebranche möglich, meiner Vorliebe fürs Planen von Kurzreisen, fürs Auffinden ausgefallener Übernachtungsmöglichkeiten und für die Gestaltung abwechslungsreicher Rahmenprogramme nachzukommen. Es hängt natürlich immer von der Höhe des Budgets ab, das Ihr Arbeitgeber für die Pflege des „Wir-Gefühls" zur Verfügung stellen kann und möchte. Aber auch bei einem beschränkten Budget kann es großen Spaß machen, sorgfältig zu recherchieren, um originelle, fein aufeinander abgestimmte und zum Etat passende Vorschläge zu kreieren. Und wenn während dieser Zeit das langweilige Kassenbuch liegen bleiben darf oder es stattdessen von anderen Kollegen mit weniger Widerwillen weitergeführt wird, ist damit allen Beteiligten gedient.

Vielleicht spricht sich Ihr Talent fürs Komponieren ausgefallener Reise-Events ja bald in der Firma herum und Sie werden auch hin und wieder privat um eine Beratung gebeten. Oder es findet sich, falls Sie in einem größeren Unternehmen arbeiten, in der Abteilung zur Organisation der Geschäftsreisen oder Firmen-Events ein neuer Tätigkeitsbereich für Sie. Oder im Bereich Kundenbetreuung wird noch jemand gesucht, der als besonderes Incentive außergewöhnliche Reise-Events zusammenstellt.

Wenn es vor allem das Fernweh ist, das Sie plagt, und es in Ihrer Firma Auslandsniederlassungen gibt, ziehen Sie eine Versetzung in Erwägung. Eventuell bringt es jedoch bereits mehr Abwechslung in Ihren Arbeitsalltag, wenn Sie in einen Tätigkeitsbereich wechseln, der Auslandsbesuche beinhaltet. Und falls Sie glauben, auf Ihren großen Traum einer einjährigen Weltreise verzichten zu müssen, da Sie als Konsequenz nur die Kündigung sehen, lassen Sie es doch trotzdem auf einen Versuch ankommen. Vielleicht haben Ihre Vorgesetzten mehr Verständnis für Ihren Wunschtraum, als Sie je gedacht hätten, und es wird Ihnen ein Jahr unbezahlter Urlaub bzw. ein sogenanntes Sabbatical als Arbeitsauszeit gestattet. Vielen Mitarbeitern in der freien Wirtschaft sowie auch Beamten wird es nach vorheriger Absprache gestattet, durch Lohnverzicht und den Aufbau von Überstunden einen Freizeitanspruch aufzubauen. Je nach Unternehmen sind sehr individuelle Regelungen möglich, auf die Sie auch langfristig hinarbeiten können, um nicht in einen finanziellen Engpass zu geraten. Sollten Sie an Ihrem Arbeitsplatz grundsätzlich sehr unzufrieden sein, wäre es jedoch ein Trugschluss anzunehmen, dass sich dieses Unbehagen durch die Auszeit einfach in Luft auflösen würde. Ein Jahr klingt unendlich lang, kann jedoch überraschend schnell vorüberplätschern, wenn Sie sich nicht darüber im Klaren sind, welche Erfahrungen Sie in dieser Zeit machen möchten, und sich nicht fest vornehmen, danach zu einer Entscheidung zu gelangen.

Job-Rezept „Urlaubs-Coaching"

Manchmal liegt es nicht am Geld oder an mangelnder Zeit, wenn sich jemand scheut, einen Urlaub zu buchen. Dafür gibt es noch viele andere bewusste und unbewusste Gründe. Unter anderem spielt der Faktor, die Urlaubstage nicht allein gestalten zu wollen, eine erhebliche Rolle. Denn auch wenn es eine Menge interessanter Alternativen für Single- oder Gruppenreisen gibt, ist diese Reiseart nicht jedermanns Sache. Doch eine adäquate Urlaubsbegleitung lässt sich nicht einfach aus dem Hut zaubern – egal, wie viel Geld Mann oder Frau bereit und in der Lage wären, dafür auszugeben. Hier können Sie mit Ihrem Angebot eine Lücke schließen. Durch professionelle Werbung machen Sie deutlich, auf welche Weise die Kunden von Ihrem Urlaubs-Coaching profitieren und welche Leistungen Ihr Angebotsspektrum umfasst. Die detaillierten Inhalte ergeben sich dann ganz nach den individuellen Absprachen mit Ihren Kunden.

Angebotsspektrum Urlaubs-Coaching
- Kostenloses Erstgespräch zum gegenseitigen Kennenlernen
- Herausfiltern der gewünschten Urlaubsziele und Themen-Schwerpunkte
- Komplette Reiseplanung – je nach Kundenwunsch von der Auswahl günstiger Pauschalreisen bis zur detaillierten Ausarbeitung fein aufeinander abgestimmter, handverlesener Individual-Angebote im First-Class-Bereich
- Persönliche Reisebegleitung mit Coaching-Angebot – je nach Kundenwunsch und Angebotsrepertoire in den Sparten Kunst, Kultur, Sport, Gesundheit, Lebensberatung, Essen und Trinken, Life-Style etc.; Umfang der gemeinschaftlichen Unternehmungen jeweils nach Absprache

Voraussetzungen
- Möglichst vielfältige Reise-Erfahrungen und Organisationstalent
- Interesse für Kultur, Geschichte, Geographie und Sprachen
- Hohe Kommunikationsfähigkeit und Kundenorientierung
- Zeitliche Flexibilität und räumliche Unabhängigkeit
- Verhandlungsgeschick sowie Erfahrung in Eigenmarketing und Kostenkalkulation

- Kreativität und Feingefühl zur Kombination einzigartiger Reiseerlebnisse
- Gute Umgangsformen sowie sicheres, repräsentatives Auftreten
- Fähigkeit zur persönlichen Abgrenzung
- Gelassenheit und Einfallsreichtum in unvorhergesehenen Situationen

Zielgruppen und Werbemaßnahmen
Urlaubs-Coaching ist ein hochwertiges Angebot, das Ihren Kunden außerordentliche Leistungen für einen überdurchschnittlich hohen Preis vermittelt. Premium-Angebote für wohlhabende Kunden mit hohem Qualitätsanspruch sollten auch in dem Umfeld beworben werden, in dem sich der anvisierte Kundenkreis bewegt. Möchten Sie Ihr Angebot zum Beispiel an gut situierte sogenannte Best-Ager richten, sollten Sie in Erfahrung bringen, welche Zeitungen und Zeitschriften von dieser Zielgruppe bevorzugt gelesen werden. Prüfen Sie die Inhalte anspruchsvoll aufgemachter Wellness-, Golf- und Reise-Magazine, von Life-Style-, Gesundheits- und Umweltzeitschriften sowie Airline- oder Kreuzfahrt-Journalen. Lassen Sie sich alle verfügbaren Mediadaten zukommen, um abzuschätzen, wo Sie mit einem Pressebericht in Kombination mit einer Annonce oder Beilage die passende Kundenschicht antreffen. Visieren Sie Künstler als bevorzugte Kundengruppe an, werden Sie diese über Kunst-, Musik- und Literatur-Magazine erreichen. Fragen Sie zudem in Veranstaltungs-Agenturen sowie bei Künstler-Managements nach den in diesen Kreisen gern gelesenen Medien. Naturliebhaber haben andere Lesegewohnheiten als Kulturfreaks oder Life-Style-Fans, und zum Glück bietet die bunte Medienwelt für jede Sparte reichlich Lesestoff.

Ihre Kunden werden zwar nicht grundsätzlich Alleinstehende sein, doch in der Regel ist davon auszugehen, dass in Partnerschaft lebende Menschen weniger Bedarf an einer persönlichen Urlaubsbegleitung haben. Besonders angesprochen fühlen sich sicher auch verwitwete Menschen, für die es eine große Erleichterung sein kann, wenn sie bei der Urlaubsplanung fachmännisch unterstützt werden und ihnen eine einfühlsame Reisebegleitung mit Aufmerksamkeit und Verständnis zur Seite steht.

Kreative Job-Rezepte

Werbemittel und -wege
- Anzeigen und Beilagen in ausgewählten, anspruchsvollen Medien
- Exklusive Internetdomain mit inspirierenden Urlaubsbeispielen
- Demonstrations-CDs mit Filmaufnahmen oder Fotos sowie Erfahrungsberichten
- Hochwertige Produkt-Mailings mit persönlicher Vorstellung und dem Angebot eines kostenlosen Erstgespräches in einem gehobenen Ambiente
- Erstklassige Plakatwerbung in deutschen Privat-Kliniken
- Lancierung von Presseartikeln und Interviews in Print-Medien, Funk und Fernsehen
- Aktives Empfehlungsmanagement auf Basis persönlicher Referenzen

Punkten Sie mit Feingefühl und Ideenreichtum
Damit Sie für ein Urlaubs-Coaching gebucht werden, sind zuallererst Respekt und persönliche Sympathie sowie ein beiderseitiges Grundvertrauen erforderlich. Wenn Sie spüren, hier eine gemeinsame Basis zu haben, schenken Sie im Erstgespräch auch den nonverbalen Signalen und unausgesprochenen, aber deutlich wahrnehmbaren Bedürfnissen Ihrer Kunden höchste Aufmerksamkeit. So haben Sie die Chance, neben der Erfüllung seiner klar geäußerten Wünsche und Ansprüche mit Vorschlägen für ein feinfühliges Zusatzarrangement zu punkten.

Wünscht Ihr Kunde z. B. eine exzellent vorbereitete Gourmetreise, wird er sich noch mehr freuen, wenn Sie bei den Beratungsgesprächen seine Vorliebe für eine ganz bestimmte Weinsorte registriert haben und diesen Wein im Hotel eigens für ihn ordern lassen. Und wenn zu Ihren Aufgaben die Vorbereitung eines Kulturmarathons durch zeitgenössische Museen und moderne Ausstellungen gehört, wird er sicherlich begeistert sein, wenn Sie ihn durch ein von Ihnen arrangiertes persönliches Treffen mit einem seiner Lieblingskünstler überraschen. Gibt Ihr Kunde zu erkennen, dass er sehr erholungsbedürftig ist, wird er es zu schätzen wissen, wenn Sie im Abschluss an strapaziöse Ausflugstage noch wohltuende Massagen inklusive Fußpflege einplanen.

Kreative Job-Rezepte

Es wird sich bewähren, wenn Sie bei Ihrer Reisebegleitung obligatorisch die wichtigsten Grundkenntnisse über Land und Leute vermitteln. Zudem können Sie Ihr Angebot durch die Buchung einiger Stunden gemeinsamen Sprachunterrichts vor Reiseantritt bereichern und den neuen Wortschatz während der Reise durch tägliche kleine Übungen aktivieren. Die Aufnahme von Urlaubsfotos sowie das Führen eines Reisetagebuches können genauso zu Ihren Aufgaben gehören wie zwei tägliche Beratungsstunden über diverse Lebensthemen. Der Umfang Ihrer Leistungen hängt einzig davon ab, wozu Sie sich in der Lage fühlen und was Sie mit Ihrem Kunden vereinbaren. Urlaubs-Coaching hat viele Facetten und richtet sich ganz nach Ihren Fähigkeiten und dem Anliegen Ihrer Kunden. Das Ziel liegt darin, einen harmonischen, einzigartigen Reisegenuss aus wohltuenden Erholungsmomenten und bereichernden Erfahrungserlebnissen zu komponieren – mit Ihnen als Wegbegleiter! Wenn Sie sich zu dieser Aufgabe berufen fühlen, wünsche ich Ihnen ganz viel Freude beim Zubereiten dieses Rezeptes und habe Ihnen im Anschluss einen Text für eine redaktionell anmutende Anzeige vorbereitet!

Urlaubs-Coaching für einzigartige Reiseerlebnisse der Extraklasse
Haben Sie schon einmal davon geträumt, vom Chef de Cuisine persönlich in die Raffinessen der französischen Küche eingeweiht zu werden und mit einem Privatchauffeur die zauberhaftesten Winkel der Weltstadt Paris zu erkunden? Oder möchten Sie lieber in Farben schwelgen, Kunst in allen Facetten atmen und in einem Künstlerdorf von erfahrenen Profis zu eigenen Werken inspiriert werden? Oder bevorzugen Sie eine Innen-Reise – Ruhe, Meditation, Energie tanken, mit allen Sinnen spüren, über Gott und die Welt philosophieren und in einzigartiger Natur die Seele baumeln lassen?

Wohin auch immer Ihr Herz Sie zieht – ich mache es mir zur Aufgabe, Ihre Urlaubsträume bis ins kleinste Detail zu verwirklichen! Und während Ihrer Traumreise stehe ich Ihnen als Ihr privater Urlaubs-Coach in allen gewünschten Belangen persönlich zur Seite.

Überzeugen Sie sich selbst. Testen Sie meine Kompetenz in einem unverbindlichen Erstgespräch, zu dem ich Sie in einem angemessenen, exklusiven Ambiente einlade. Ich freue mich über Ihre Kontaktaufnahme.

Freuen Sie sich auf mein Urlaubs-Coaching – für Ihre einzigartigen Reiseerlebnisse der Extraklasse!

(Foto und Kontaktdaten)

Halt, halt – jetzt bitte nicht gleich mit den Vorbereitungen starten! In den abschließenden Kapiteln sind noch einige Tipps versteckt, die Sie darin unterstützen können, mit Ihrem Urlaubs-Coaching durchschlagenden Erfolg zu haben ...

Mut zum eigenen Weg

Haben Sie als Kind und später mit Ihren eigenen Kindern Topfschlagen gespielt? Bestimmt erinnern Sie sich: Sie müssen dabei mit verbundenen Augen mit einem Kochlöffel auf dem Fußboden herumklopfen, um einen Topf zu finden, der irgendwo auf dem Zimmerboden steht. Dabei gibt es immer viele Schläge, die hoffnungslos ins Leere gehen. Aber die Aussicht auf die unter dem Topf versteckte, süße Überraschung lässt die kleinen Schatzsucher unermüdlich weitersuchen. Die Kinder ärgern sich nicht lange über den einen oder anderen Schlag, der danebenging, sondern machen unermüdlich weiter. Und sie hören auf die Zurufe ihrer Mitspieler, die ihnen dabei helfen, die Position des Topfes genauer anzupeilen.

Auch in unserem Erwachsenenleben spielen wir manchmal noch Topfschlagen – meist, ohne es zu merken. Und Sie haben dabei auch immer Mitspieler: nahe Angehörige, Freunde, Verwandte, Bekannte und Kollegen. Der Idealzustand wäre natürlich, wenn jeder, der Sie kennt und mag, mit großer Freude Ihre Pläne (die manchmal noch wie unter einen Topf versteckt zu sein scheinen) begrüßt und Sie nach Kräften darin unterstützt, Ihren Topf baldmöglichst zu finden bzw. Ihre Wünsche schnell zu verwirklichen. Doch leider passiert es oft, dass gerade die Menschen, die Ihnen am nächsten stehen, viele Vorbehalte haben, Sie kaum oder gar nicht unterstützen und Sie sogar zu sabotieren scheinen. Da werden Sie dann in eine völlig entgegengesetzte Richtung navigiert, während Ihnen Ihre Intuition sagt, dass Ihr „Topf" doch eigentlich ganz woanders steht. In der Realität äußert sich solch ein Verhalten dann z. B. darin, dass Ihre Ideen als unrealistisch oder verrückt abgetan werden. Oder es wird Ihnen unterstellt, auf dem Egotrip zu sein und dabei die Beziehung oder Familie zu vernachlässigen. Es werden wahrscheinlich genau die Vorwürfe kommen, die am ehesten Schuldgefühle und Ängste in Ihnen hervorrufen. Dann beginnt man prompt zu hinterfragen, ob man wirklich die Berechtigung hat, eigene Vorstellungen und Lebenskonzepte zu entwickeln und diese tatsächlich zu leben.

Doch bitte machen Sie sich nicht unnötig Sorgen, wenn Sie zu Anfang nur ablehnende Reaktionen auf Ihre Veränderungswünsche erfahren. Im Gegenteil,

Sie können völlig beruhigt zu sein. Das ist absolut normal und Sie dürfen dieses Verhalten von Ihren liebsten Mitmenschen eher als Bestätigung sehen, dass sich bei Ihnen gerade grundlegende Dinge verändern. Und weil Sie sich dabei zwangsläufig auch selbst verändern, wird Ihre Umwelt ebenfalls zur Veränderung aufgefordert. Das verunsichert und ist oft sehr unbequem und löst damit Ablehnung aus. Da kann es manchmal sehr hilfreich sein, sich beim Topfschlagen gegenüber irreführenden oder entmutigenden Zurufen einfach taub zu stellen und auf Durchzug zu schalten. Spitzen Sie dafür lieber die Ohren, wenn Ihnen Bestätigung und Unterstützung zuteil wird. Lernen Sie die vielen von außen kommenden Stimmen gut zu unterscheiden und bevorzugt auf jene Mitspieler zu hören, die für Ihre Pläne wirklich hilfreich und stärkend sind.

Grundsätzlich sind die Menschen in unserem nächsten Umfeld immer unsere allerbesten Spiegel. Solange Sie sich selbst noch nicht zu hundert Prozent die Erlaubnis und das klare Startsignal gegeben haben, Ihre Träume und Wünsche in die Tat umzusetzen, so lange werden Ihnen Ihre Nächsten immer und immer wieder die eigenen Zweifel zurückspiegeln. Und so lange Sie noch in diesen Zweifeln gefangen sind, werden sich Ihnen stets aufs Neue verbale oder andere Hindernisse in den Weg stellen, um zu testen, wie ernst es Ihnen mit Ihrem Vorhaben denn nun tatsächlich ist. Wenn Sie aber nicht mehr im Mindesten zu erschüttern sind, wird plötzlich himmlische Ruhe einkehren. Dann gibt es keine Zweifel (vom Wortstamm „zwei Fälle" hergeleitet) mehr, sondern nur noch einen End-Schluss!

Die „Flop-oder-top-Technik"

Bis alle Vorbehalte, der eigene innere Kritiker und damit auch die von außen kommenden Befürchtungen endgültig zum Schweigen gebracht sind, kann es manchmal sehr lange dauern. Um hier nicht unnötig Energie zu vergeuden und kostbare Zeit zu verschwenden, möchte ich Sie mit einer Methode bekannt machen, die Ihnen dabei hilft, die kleinen Sabotagemuster schon im Vorfeld aufzuspüren und auszuschalten. Sie basiert auf der jedem Menschen schon seit der Steinzeit innewohnenden Fähigkeit, das Negative immer schneller als das

Positive zu erkennen. Heutzutage ist es etwas lästig, wenn man bei einer doch recht sympathisch wirkenden Person zuallererst die verrutschte Frisur oder den Fleck am Kragen wahrnimmt und dann wie hypnotisiert daraufstarrt. Doch in der Urzeit hätte es vielleicht unser Leben gerettet, wenn das freundliche Gebrumme des Steinzeitnachbarn nicht von seiner hinter dem Rücken versteckten Axt ablenken konnte. Und wenn wir uns schon damit abfinden müssen, dass wir trotz moderner Zivilisation immer noch so urzeitlich funktionieren und zuerst danach Ausschau halten, wo Gefahren lauern und was alles schiefgehen könnte, machen wir uns dieses „Steinzeitverhalten" einfach zunutze. Ich nenne diese Methode die „Flop-oder-top-Technik".

Sie können die Technik für sich allein anwenden, Sie können aber auch einen oder mehrere gute Freunde hinzuziehen und um Unterstützung bitten. Zur Vorbereitung skizzieren Sie auf dem Papier oder im PC Ihr berufliches Vorhaben und alle von Ihnen bisher geplanten Vorbereitungen. Bitte verwenden Sie für jedes einzelne Planvorhaben, eventuell ergänzt mit den finanziellen bzw. terminlichen Einschätzungen, einen Absatz. Lassen Sie dann wieder ein paar Zeilen Platz, bevor Sie weitere Einzelheiten zu Ihrem nächsten Vorhaben notieren. Dann geben Sie die Notizen mit den wichtigsten Erklärungen an Ihren Freund weiter. Dieser stellt, falls notwendig, noch ein paar Verständnisfragen.

Danach schlüpft er für Sie in die Rolle des fiesen Saboteurs, der Ihre Idee unbedingt verhindern will und nun unter jedem Planvorhaben alles aufschreibt, was dazu beitragen könnte, damit Sie garantiert scheitern und Ihre Idee zum Flop wird. Er lässt dabei nichts ungeschoren: weder den Zeit- noch den Terminplan, weder die Reaktionen Ihrer Familie noch die Ihrer Kunden, weder die genialen Werbeideen noch die positiven Marktchancen. Ihr Freund darf sich nicht scheuen, wirklich gnadenlos schlechte Einschätzungen und völlig unpassende Ratschläge zu geben. Und bitte: Keine Zensur, lassen Sie die negativen Gedanken sprudeln und alles aufschreiben, was dem anderen dazu in den Sinn kommt. Nichts ist zu banal, nichts zu abstrakt, nichts zu fies: „Den Termin für die Kurse genau auf den Stammtischabend des Ehemannes legen, der dann auf die Kinder aufpassen muss." Oder: „So viel Geld für die erste Anzeige ausgeben, dass nichts mehr fürs restliche Werbebudget übrig bleibt." Oder: „Sich immer wieder einreden, wie ungeschickt und untalentiert man ist." Oder: „Räume anmieten, die laut, kalt, ungemütlich, in einer völlig unpassenden Umgebung und sehr teuer sind."

Nachdem dann also Ihre Unternehmensstrategie nach Strich und Faden zerlegt wurde, bekommen Sie Ihre Blätter wieder zurück. Nun haben Sie genügend Zeit, ganz für sich im stillen Kämmerlein mit der Auswertung zu beginnen. Nummerieren Sie dafür alle Einwände Ihres Freundes durch. Dann nehmen Sie ein sauberes Blatt und schreiben zu jeder Nummer die genaue Umkehrung dieser Einwände oder Tipps auf. Um bei den soeben genannten Beispielen zu bleiben: „Den Termin für die Kurse genau auf den Stammtischabend des Ehemannes legen, der dann auf die Kinder aufpassen muss" wird zu „Die Termine für die Kursabende so legen, dass sie nicht mit anderen kollidieren, mit der gesamten familiären Planung übereinstimmen und ich dann von allen Seiten liebevoll unterstützt werde". „So viel Geld für die erste Anzeigen ausgeben, dass nichts mehr fürs restliche Werbebudget übrig bleibt" kehrt sich um in „Mein begrenztes Werbebudget von vornherein so aufteilen, dass ich für alle wichtigen Einsatzbereiche (Kleinanzeigen, Flyer, Plakate, Werbebriefe etc.) jeweils einen passenden Etat habe". Der fiese Tipp mit dem Einreden, wie untalentiert man sei, wird zu: „Mich immer wieder darauf besinnen, dass ich genau die passenden Fähigkeiten und Voraussetzungen für den Erfolg meiner Unternehmensidee habe. Und noch ein paar gute Bücher zum Thema Selbstwert lesen." Und statt darauf hereinzufallen, ungeeignete Räume anzumieten, notieren Sie sich: „Bei der Auswahl der Räume darauf achten, dass sie ruhig liegen, gut beheizt und wohnlich sind, die Miete im Verhältnis zu meinen Einnahmen günstig ist und unterm Strich immer genügend übrig bleibt. Außerdem eine Liste für die besten Umgebungskriterien anlegen."

Wenn Sie diese Umkehrung vorgenommen haben, werden Sie vorwiegend auf Tipps stoßen, die Sie wohl von vornherein beherzigt hätten. Aber zum einen können manche Dinge gar nicht deutlich und oft genug betont werden, damit

Sie einen wirklich umfassenden Blick für alle Details und Vorbereitungen bekommen. Und zum anderen wurden auch Aspekte sichtbar, an die Sie sonst nie gedacht hätten und die sich Ihnen jetzt nicht mehr als böse Überraschung in den Weg stellen können.

Die „Flop-oder-top-Technik" können Sie auch für sich allein immer wieder anwenden, wenn Ihnen selbst Zweifel kommen oder von außen Kritik oder Befürchtungen an Sie herangetragen werden. Sie werden sehen, auf diese Weise lässt sich so gut wie für jedes Hindernis eine Lösung finden, ganz nach dem Motto „Angriff ist die beste Verteidigung".

Die Kraft Ihrer Entscheidungen

Um unsere eigene Lebensmelodie zu entdecken und demgemäß zu leben, bedarf es der Fähigkeit, entschieden seine Überzeugungen zu vertreten. Wissen Sie, welche Fähigkeit Spitzenmanager und viele erfolgreiche Persönlichkeiten ganz besonders kennzeichnet? Glauben Sie vielleicht, das wären die exklusive Schulbildung, der finanzielle Status, herausragende Talente oder gutes Aussehen? Nun, bei etlichen hat die eine oder andere dieser Komponenten sicherlich zum Erfolg beigetragen. Aber was die meisten dieser Menschen so besonders auszeichnet, ist wesentlich simpler: Es ist ihre Bereitschaft, klar eine Entscheidung zu treffen und dann mit aller Konsequenz dahinterzustehen. Sie korrigieren vielleicht mal den Kurs, wenn sie feststellen, dass die Realität ihre Planungen in Frage stellt, aber sie sind in jedem Fall bereit, sich erstmal definitiv ohne Wenn und Aber zu entscheiden. Diese gerade Linie unterstützt sie dabei, stets ihr Ziel im Auge zu behalten, sich einer Ausbildung oder einem Projekt hundertprozentig zu verschreiben. Sie glauben an sich und ihre Pläne und weder lassen sie sich von inneren Zweifeln aus der Bahn werfen, noch erschüttert sie Kritik von außen. Diese Unerschütterlichkeit und Siegermentalität verlangt ihren Mitmenschen Respekt ab und mit der Zeit traut man diesen Menschen auch die Verwirklichung der kühnsten Visionen zu. Je mehr sie erreichen, umso weniger Grenzen scheint es für sie zu geben. Aber ganz am Anfang stand immer Eines – ihre Fähigkeit, sich zu entscheiden und „ihr Ding" konsequent zu fokussieren und durchzuziehen.

Vielleicht sagen Sie sich jetzt: „Na ja, wenn ich so erfolgreich, beliebt und berühmt wäre, dann würde es bei mir auch anders aussehen. Aber wer guckt denn schon auf mich kleines Licht, was soll ich schon bewegen?!" Nun, Ihnen ist doch sicherlich bekannt, dass viele sehr berühmte und erfolgreiche Persönlichkeiten sozusagen von ganz unten angefangen haben. Aber irgendwann haben diese Menschen beschlossen, dass sie ihr Leben ändern möchten. Sie haben erstens den Willen dazu gehabt, und zweitens die Entscheidung getroffen, entsprechend diesem Willen zu leben.

Es ist im Grunde genommen ganz einfach: Es ist Ihre Entscheidung, ob Sie die Berufswelt als harte Kampfarena oder als kreativen Spielplatz für lebensfrohe

Individuen betrachten. Treffen Sie also jetzt und heute die Entscheidung, Ihre beruflichen Träume zu realisieren. Dann strukturieren Sie nach sorgfältigem Abwägen und Erfühlen Ihrer ureigensten Wünsche und Meinungen die ersten Schritte zur Verwirklichung dieser Träume. Am besten machen Sie sich eine Checkliste mit einem dazugehörigen Zeitplan und zudem eine Wandtafel mit bildlichen Visualisierungen. Bereichern Sie diese Bilder mit den dazugehörigen Sinneseindrücken und erlauben Sie sich zur Realisierung Ihrer Träume alle nur denkbaren positiven „Was-wäre-wenn-Gefühle". Gehen Sie bei allen Ihren Handlungen von Anfang an ins Vertrauen und stehen Sie dann „wie eine Eins" zu Ihren Plänen und Entscheidungen! Sollten innerliche Zweifel aufkommen, holen Sie sich die Gründe für Ihre Entscheidung sofort ins Gedächtnis zurück und schwächen Sie die Kraft Ihrer gedanklichen Vision bitte nicht mehr durch Grübeleien und Unsicherheit. Wenn Ihre Entscheidung einmal getroffen ist, befragen Sie danach keinesfalls noch zig andere Personen nach deren Meinung. Die Kommentare von Außenstehenden können und dürfen nicht wichtiger sein als Ihre eigenen sorgfältigen Erwägungen. Mit jedem Fragezeichen von außen und von innen nehmen Sie sich die Kraft, Ihre Pläne durchzuziehen. Hierzu fällt mir noch ein Spruch ein, den ich mal geschenkt bekommen habe und der mich tief beeindruckt hat:

„Handle so, als ob alles von dir und nichts von Gott abhinge.
Vertraue so, als ob alles von Gott und nichts von dir abhinge."

Stellen Sie sich mal vor, Ihre Entscheidung, Ihr Wunsch oder Ihr Ziel wären ein Samenkorn, das Sie nur in die Erde zu pflanzen bräuchten. Sie haben durch Ihre vorherigen Überlegungen die besten Voraussetzungen für dieses Samenkorn geschaffen, haben die Erde gut gelockert, gedüngt und bewässert. Nun gibt es sicherlich einige Dinge, die Sie zu erledigen haben, um die Zeit des Heranreifens Ihres Samens gut zu nutzen und bestens auf die Ernte vorbereitet zu sein. Sie kümmern sich um alle diese Dinge und lassen Ihrem Samenkorn genügend Zeit, um ungestört heranzuwachsen. Wenn Sie aber das Vertrauen verlieren und beginnen, wieder die Erde aufzubuddeln, um sich zu vergewissern, dass der

Same wirklich noch da ist oder um zu sehen, wann er endlich zu keimen beginnt, unterbrechen Sie den Reifeprozess. Während Sie sinnlos immer wieder alles aufwühlen, wird Ihr Same von Mal zu Mal schwächer und kümmerlicher. Statt sich voller Zuversicht auf die Ernte einzustellen und die notwendigen Vorkehrungen für die Erfüllung Ihrer Wünsche zu treffen – also ab und zu ein bisschen zu gießen, zu düngen und ansonsten der Natur zu vertrauen –, sind Sie damit beschäftigt, das Samenkorn neu aufzupäppeln. Erschöpft vom Herumwühlen in all den Zweifeln, Bedenken und Ängsten sind Sie dann vielleicht irgendwann so genervt und enttäuscht, dass Sie das Samenkorn einfach wegwerfen, weil Ihnen alles viel zu mühsam erscheint. Und dabei wäre es doch so einfach gewesen. Sie haben es sich nur nicht gestattet, sich selbst und Ihrer Schöpferkraft zu vertrauen. Also machen Sie es sich doch bitte einfacher und gehen Sie Schritt für Schritt und unbeirrt Ihren Weg: Hören Sie auf Ihre Seele, befragen Sie Ihre Intuition, treffen Sie Ihre Entscheidung, gehen Sie ins Vertrauen und lassen Sie sich von nichts und niemanden mehr verunsichern. Und Sie werden Ihre Ziele müheloser und schneller denn je erreichen!

Wenn Sie also unter den vielen kreativen Ideen meiner Job-Rezepte etwas gefunden haben, das Sie ganz besonders anspricht, treffen Sie doch einfach die Entscheidung, nach dem Lesen dieses Buches sofort mit der Umsetzung zu beginnen!

Zum guten Schluss: Noch ein paar Tipps für Ihren Erfolg

Keine Angst vorm Experimentieren
Wie es so ist bei Rezepten, entstehen beim mutigen Experimentieren mit den herkömmlichen Zutaten oft überraschende kulinarische Highlights. Darum möchte ich Sie ermutigen, auch hier ungeniert „quer" zu probieren und zu denken. Lassen Sie sich von meinen Anregungen zu völlig neuen Kreationen und Mixturen anregen! Schmücken Sie eine Idee, die Ihnen besonders entspricht, ein bisschen aus oder kombinieren Sie sie mit einem gänzlich neuen Einfall. So ergibt sich am Ende ein individuell auf Sie zugeschnittenes Arbeitsmodell, das es Ihnen ermöglicht, sich völlig neu auszuprobieren. Und wie bereits in den Eingangskapiteln erwähnt, können Sie viele der Textvorlagen durch das Austauschen der Produkte und Angebote für so gut wie alle Branchen verwenden.

Manchmal kann es tatsächlich auch vorkommen, dass Sie eine Tätigkeit nur ein einziges Mal ausüben. Danach hat es sich erledigt und Sie verspüren nicht mehr die geringste Lust, ihr noch ein weiteres Mal nachzukommen. Verlorene Zeit, denken Sie? Nun, ich denke nein. Manchmal können wir nicht auf Anhieb zweifelsfrei unterscheiden, woher unsere Motivation kommt. Vielleicht hat uns das Vorbild einer anderen Person sehr inspiriert und wir sind so von einer Tätigkeit fasziniert, dass wir uns darin ausprobieren möchten. Je mehr wir diese Idee abtun, umso größer wird manchmal unser Wunsch danach. So ging es mir einmal, nachdem ich einen wunderschönen privaten Liederabend mit einem Gitarrenspieler und einer Sängerin besucht hatte. Mich hatten vor allem die Texte so beeindruckt, die durch die Einbettung in die Musik eine besondere Tiefe bekamen. Nun, mit Texten konnte ich reichlich aufwarten bzw. auch sofort neue produzieren. Mit meinen Sangeskünsten sah es jedoch nicht so rosig aus. Doch seltsamerweise fand sich der Musiklehrer meines Sohnes sofort bereit, mich auf der Gitarre zu begleiten. Und so bereitete ich kurzerhand eine Lesung mit Musikeinlagen vor. Mein Lampenfieber brachte mich fast um, die lebenslange Überzeugung, hoffnungslos unmusikalisch zu sein, tat noch ihr Übriges dazu. Und trotzdem brannte ich geradezu darauf, meine Stimme vor Publikum preiszugeben. Kurz und gut – es hätte schlimmer sein können. Meine schiefe Stimmlage hatte tatsächlich einen gewissen Charme und die virtuosen Künste meines musikalischen Begleiters retteten mich über so manchen Patzer hinweg. Einen Grammy werde ich mit meiner Stimme sicherlich niemals gewinnen. Doch die Lust und Neugier, meine Sangestalente zu offenbaren, konnten ausgelebt werden, hatten sich damit erledigt und klopfen nun nicht mehr andauernd bei mir an. Ich hatte nichts verloren (auch nicht mein Gesicht!), aber dafür einen rundum interessanten Abend erlebt und durfte ein paar unwiederbringliche Erfahrungen sammeln. Und mein Trauma, so wenig musikalisch wie eine Müllschippe zu sein – wie meine Eltern salopp zu sagen pflegten –, verabschiedete sich damit ebenfalls auf Nimmerwiedersehen.

Um mit einer Idee erfolgreich zu sein, ist es keinesfalls notwendig, etwas sensationell Neues, Einzigartiges, nie da Gewesenes zu (er)finden. Denn so wie jeder Mensch seine individuelle Schwingung, seinen einzigartigen Klang hat, so haben auch seine Werke und seine Tätigkeiten zwangsläufig eine unverwechselbare Note. Vielleicht finden Sie die Vorstellung etwas vermessen: Aber haben Sie schon einmal darüber nachgedacht, dass es bei dieser Betrachtung eigentlich keinen einzigen Menschen ohne Arbeit geben müsste? Wenn sich jeder seiner persönlichen Talente, Vorlieben und Handlungsmotive bewusst und auch bereit ist, diese authentisch zu leben, können wir uns gegenseitig mit einer unendlichen Vielfalt bereichern. Vereinfacht ausgedrückt gäbe es dann so viele Berufsträume bzw. so viele Arbeitsmodelle, wie es Menschen gibt.

Klingt diese Vision auch für Sie sehr erstrebenswert? Dann lassen Sie uns gemeinsam daran arbeiten! *„Es genügen ein Was und ein Warum. Wenn du sofort ein Wie hast, ist deine Vision vielleicht noch zu klein. Also triff deine Wahl, ganz nach deinem Herzen. Und das Universum kümmert sich um die Details."* Betrachten Sie doch auch mich einfach als einen Sendboten des Universums und erlauben Sie mir, Ihnen hier ein paar weitere Anregungen zu den Themen Intuition und Networking zu geben.

Zum guten Schluss: Noch ein paar Tipps für Ihren Erfolg

Intuitives Schwingen von passiv zu aktiv
Networking ist eine Praxis, die aus dem modernen Geschäftsleben nicht mehr wegzudenken ist. Darüber hinaus gibt es jedoch noch ein ganzheitliches Vernetzen, das weit über die rein geschäftsmäßige Betrachtung hinausgeht. Intuitives Netzwerken besteht im Zulassen eines natürlichen Flusses von Hinweisen und Begegnungen sowie dem Wahrnehmen sich daraus ergebender Chancen. Die wichtigsten Voraussetzungen sind Offenheit und Achtsamkeit. Sobald Sie Ihr Ziel festgesteckt und Ihren Fokus ausgerichtet haben, werden Ihnen die weiterführenden Gelegenheiten und Kontakte von selbst zufallen. Ihr Beitrag besteht darin, diese „Zufälle" auch wahr- und anzunehmen. Geben Sie ein übertriebenes Kontroll- und Sicherheitsbedürfnis auf und gestatten Sie sich die Möglichkeit, dass es auch eine übergeordnete Intelligenz gibt, die uns von einer höheren Warte aus beobachtet und unterstützt. Und manchmal besteht der nächste Schritt tatsächlich im Nichtstun, im Abwarten und Ausharren. Zugegeben, das ist ein Zustand, der sich gerade für aktive Menschen mit einem Hang zum Kontrollieren schwer aushalten lässt. Aber nichtsdestotrotz haben auch diese Phasen im Nachhinein betrachtet immer ihren Sinn. Kombinieren Sie also intuitiv die passive Wahrnehmung mit dem aktiven Handeln. Für mich fühlt es sich meist so an: Ich habe eine Frage, die ich beantwortet haben möchte, ein Problem, das gelöst werden will, oder einen Bedarf, den ich stillen möchte. Mein reines Kopfzerbrechen hierüber hat mich bisher nicht weitergebracht. Ich versuche, das Thema ruhen und „sein" zu lassen. Fast immer in dem Moment, wenn mir das so halbwegs gelingt, nehme ich plötzlich einen Impuls, einen Hinweis hierzu wahr. Ich fühle einen Bezug zu meiner Thematik, spüre in mich hinein, ob er sich in meine Ausrichtung einfügt und was er mir sagen will. Wenn es ganz eindeutig passend ist, treffe ich gleich die Entscheidung, den Impuls als Antwort zu werten und meinen Weg dementsprechend zu wählen. Wenn ich das nicht zweifelsfrei ausloten kann, gebe ich dem Hinweis nur einen ersten kleinen Schritt nach. Dann warte ich wieder ab, was zu mir zurückfließt. Stoße ich an zu viele Widerstände, lasse ich es vorerst sein und nehme den Faden gegebenenfalls später noch einmal auf. Passt es jedoch zu meiner Linie, gehe ich wieder in die Reaktion, diesmal etwas konkreter. So fügt sich eines zum anderen und mit

Zum guten Schluss: Noch ein paar Tipps für Ihren Erfolg

diesem achtsamen, mal schnellem und mal langsamen Voranschreiten erschließt sich mir der weitere Weg unter meinen Schritten. Und damit das Ganze jetzt nicht zu abstrakt klingt, hier ein praktisches Beispiel:

Vor Jahren war ich äußerst unzufrieden in meiner beruflichen Position. Ich grübelte und grübelte, was ich stattdessen machen könnte, kam jedoch zu keinem konkreten Ergebnis. Da ich nicht den unmittelbaren Zwang zum Wechseln hatte, streute ich meine Bewerbungen nur vereinzelt in die Bereiche, die mir erstrebenswert erschienen. Es kam auch zu dem einen oder anderen Vorstellungsgespräch. Doch dann war jeweils wieder Stillstand und ich sah mich dazu veranlasst, in meiner unbefriedigenden Situation auszuharren. Das zog sich einige Monate dahin und fühlte sich alles andere als gut an. Dann las ich ein Buch zu einer Tschernobyl-Stiftung. Ich war sehr inspiriert und spürte deutlich, dass mich bei meinem damaligen Job als Leiterin der Öffentlichkeitsarbeit eines Privatsenders vor allem die Oberflächlichkeit meiner Aufgaben störte. Mit dieser Erkenntnis erinnerte ich mich an das Stellangebot eines ökologischen Finanzdienstleisters, bei dem ich mich Monate zuvor beworben hatte. Ich hatte eine persönliche Vorstellung abgelehnt, da mir das Aufgabengebiet Telefonberatung nicht passend erschien. Doch da die Anzeige und der kurze telefonische Kontakt einen so positiven, nachhaltigen Eindruck bei mir hinterlassen hatten, kramte ich in meinem Altpapier – und siehe da, auch nach mehreren Monaten konnte ich den Zeitungsschnipsel noch finden! Hier ging es um „Erneuerbare Energien", hier wurde etwas für umweltfreundliche Stromerzeugung getan, hier wollte ich mein Glück noch mal versuchen! Kurzerhand griff ich nochmals zum Telefon und hatte diesmal den Chef persönlich dran. Nein, diese Stelle wäre nicht mehr frei und das Beratungsteam mittlerweile vollständig. Obwohl, da gäbe es noch den Bereich Öffentlichkeitsarbeit, er hätte sich gerade dazu entschlossen, hierfür jemanden einzustellen. Bingo! Ich brauche wohl nicht mehr zu erwähnen, dass ich diesen Job bekommen habe.

Die soeben geschilderte Situation hatte mir sehr viel Geduld abverlangt und mich dazu aufgefordert, auch über längere Strecken das passive Reagieren auszuhalten, statt aktiv agieren zu können. Für einen Menschen wie mich, der sehr gerne die Fäden in der Hand hält, eine wahrhaft anstrengende Übung im Loslassen und Vertrauen. Doch alles hat seine Zeit. Wenn Sie sich gerade im Aufbau eines völlig neuen Geschäftsgebietes befinden, besteht natürlich vermehrter Handlungsbedarf. Spannen Sie also, sobald Sie sich für eine Idee entschieden haben, aktiv Ihre Netze, sowohl im privaten als auch im geschäftlichen Bereich. Damit meine ich nicht, dass Sie bei allen Kontakten, die Sie ab jetzt neu schließen, stets mit einem Auge auf eine gewinnbringende „Verwertung" schielen müssen. Nutzen Sie zum Netzwerken auch öffentliche Plattformen wie z. B. xing, facebook, yasni oder linkedIn zur Herstellung von Verbindungen; xarto für Künstlerkontakte oder ixpos für Beziehungen zur Außenwirtschaft. Das ist natürlich nur ein kleiner Teil aller Möglichkeiten, um sich virtuell zu vernetzen und auf Ihr Angebot aufmerksam zu machen. So können Sie bei Suchmaschinen wie google, yahoo, lycos etc. durch das (meist kostenpflichtige) Eintragen geschickt gewählter Suchbegriffe das Aufrufen Ihrer Homepage gezielt verstärken. Verlinken Sie sich in jedem Fall auch mit den Internetseiten Ihrer Freunde und Bekannten. Nutzen Sie zudem alle kostenlosen Adresseinträge in Print- wie Online-Medien, prüfen Sie kostenpflichtige Adressplattformen und Adressbücher vor Ihrem Auftrag in Hinsicht Verbreitung, Attraktivität und Nutzbarkeit. Kontaktieren Sie Firmen und Freiberufler, mit denen sich für beide Seiten sinnvolle Synergieeffekte ergeben könnten. Machen Sie gegenseitig auf Ihre Dienste aufmerksam und empfehlen Sie sich beidseitig über Ihre Internet-Links. Darüber hinaus lassen sich solche Kooperationen, wie anschließend gleich ausführlich erläutert, noch weitreichend ausdehnen.

Cross-Marketing – gemeinsam stärker, besser und glaubwürdiger
Wenn Sie sich mit Unternehmen ähnlicher Ausrichtung zu Werbezwecken zusammentun, können Sie Kompetenz und Energie bündeln. Bilden Sie geschäftliche Interessensgruppen von zwei oder mehreren Unternehmen. Nehmen wir mal an, Sie sind eine „Blumenzwiebel" und haben sich für das Job-Rezept

„Paradiso Balkonia" entschieden. Ihren gesamten Pflanzenbedarf kaufen Sie über ein spezielles Fachgeschäft, weil es dort die beste Ware gibt. Dieses Blumenhaus schaltet regelmäßig große Anzeigen in der örtlichen Tageszeitung, die Sie sich als Existenzgründer gar nicht leisten könnten. Machen Sie dem Geschäft deutlich, dass Sie mit Ihrem Angebot eine wunderbare Ergänzung für den Kundenservice darstellen. So können Sie eventuell innerhalb der Anzeige einen kostenlosen oder kostengünstigen Hinweis auf Ihre Dienstleistung erreichen. Sie revanchieren sich einerseits durch die regelmäßigen Großeinkäufe, selbstverständlich zu Sonderkonditionen. Gleichzeitig können Sie anbieten, dass Sie auf Ihrem Balkon und Ihren sonstigen Werbemitteln im Gegenzug das Geschäft als Ihren Hauptlieferanten erwähnen. Ergänzen ließe sich diese Synergie noch durch eine Sonderaktion im Blumenhaus, bei der die Kunden Fotos von ihren Balkonen und Terrassen mitbringen und Sie einen Tag lang eine kostenlose Spezialberatung anbieten – eine optimale Imagewerbung für beide Firmen. Im Zusammenwirken mit einem eingeführten Fachbetrieb wird man Ihnen als Newcomer die Kompetenz wesentlich leichter abnehmen, als wenn Sie immer nur als Einzelkämpfer auftreten. Also eine echte Win-win-Situation für alle Beteiligten.

Halten Sie also Ausschau, welche Firmen oder Produkte eine ähnliche Philosophie oder Zielsetzung wie Sie verfolgen. Beschäftigen Sie sich genau mit den Werten und Angeboten dieser Unternehmen und notieren Sie die Gemeinsamkeiten, die Sie dabei entdecken. Über die Internetseiten und die Werbeschriften lässt sich herausfinden, wie sich ein Unternehmen sieht und inwieweit Sie damit konform gehen. Machen Sie diese Übereinstimmungen deutlich, indem Sie den daraus resultierenden Kundennutzen zur Sprache bringen. Beispiel: Ein Verlag für hochwertige Reisemagazine sucht zur Verlosung für ein Gewinnspiel unter neuen Abonnenten einen außergewöhnlichen Hauptpreis. Sie als „Weltenbummler" machen ihm hierfür Ihr „Urlaubs-Coaching" schmackhaft. Der Verlag bucht Ihre Leistung für einen einmaligen Termin und überlässt im Rahmen eines Fixbetrages dem Hauptgewinner die freie Kombination seines Wunschurlaubes. Sie schreiben im Gegenzug für die Reisemagazine mehrere honorarfreie Erfahrungsberichte aus Ihrem reichen Erlebnisfundus. Zudem holen Sie und der

Verlag noch eine Fluggesellschaft mit ins Boot, die Auszüge dieser Berichte kostenfrei zur Unterhaltung der Fluggäste in der Bordzeitung abdrucken darf und dafür nur im Abspann auf das Gewinnspiel des Verlags aufmerksam macht. Ein weiteres Beispiel: Sie möchten mit Ihrem Massageangebot „Symphonie der Sinne" neue Märkte erobern. Als „Gesundheitsapostel" besuchen Sie regelmäßig gesundheitlich sowie spirituell orientierte Messen. Nun haben Sie erfahren, dass der Hersteller hochwertiger Massageliegen, von denen auch eine in Ihrer Praxis steht, bei der nächsten Veranstaltung einen großen Stand gebucht hat. Sie bieten der Firma an einem oder mehreren Tagen kostenlose Schnupper-Massagen für die Besucher an. Dafür werden Sie vom Veranstalter im Messeprogramm aufgenommen und dürfen mit einer großen Werbetafel und Ihren Flyern während der gesamten Messedauer an seinem Stand für Ihr Angebot werben. Grundsätzlich bieten sich regionale oder überregionale Fach- und Verbrauchermessen an, um entweder als Aussteller bzw. Mitnutzer eines Messestandes oder zumindest als Besucher neue Kontakte zu knüpfen und Angebote bekannt zu machen. Schon allein aus diesen zwei Beispielen ersehen Sie, wie vielfältig die Kombinationsmöglichkeiten für wirkungsvolles Cross-Marketing sind, sofern die Produkte bzw. Dienstleistungen einen Bezug zueinander haben und sich sinnvoll ergänzen.

Machen Sie von sich reden
Auch wenn wir wirklich tief von unserem Können und unserer Leistung überzeugt sind, fällt es oftmals schwer, von uns aus darüber zu reden. Da kann es vorkommen, dass Sie von einem Bekannten rein zufällig, grad nachdem Sie sich nach langem Suchen endlich für ein Produkt entschieden haben, erfahren, dass er genau damit handelt und Ihnen sogar einen Sonderpreis gemacht hätte. „Mensch, warum hast du mir das nicht eher gesagt!", mag Ihnen da auf der Zunge liegen. Nehmen Sie solche Erfahrungen als Hinweis, dass Sie mit dem Reden über Ihre Aktivitäten nicht zwangsläufig aufdringlich wirken, sondern sich eher unterlassene Hilfeleistung zuschulden kommen lassen.

Überspitzt? Ja, aber dieses Phänomen eines übertriebenen Understatements kann Ihnen wirklich mehr schaden als nützen. Sie sind gut in Ihrem Job? Sie haben viel dafür gelernt und getan, eine rundum passende, fundierte Leistung anzubieten? Sie sind kompetent und ehrlich? Sie haben ernsthaftes Interesse daran, Ihren Mitmenschen damit Gutes zu tun und sie zu unterstützen? Dann reden Sie auch darüber! Wer sein Licht unter den Scheffel stellt, kann niemand anderem damit den Weg erhellen. Und er selber sitzt ebenfalls weiterhin im Dunklen bzw. auf dem Trockenen. Also bitte vergessen Sie nicht: Sprechen Sie über Ihre Arbeit! Machen Sie Ihre Idee, Ihr Angebot, Ihre Firma oder was auch immer, Tag für Tag ein Stückchen bekannter! Sie können sich denken, dass ich damit nicht meine, dass Sie nun Ihre Nachbarn bei jedem Treffen an der Gartentür mit den Worten aufhalten: „Ach, Herr oder Frau XY, wissen Sie eigentlich schon, was ich für tolle Kurse anbiete?" Aber vielleicht würde ja schon Ihre Visitenkarte, sauber und wetterfest auf Ihre Briefkastenklappe geklebt, erstaunliche Reaktionen nach sich ziehen. Denken Sie z. B. nur daran, wie viele Kontakte ein Briefträger hat: „Guten Morgen Frau Müller. Na, immer noch keine Zeit zum Ausspannen? Ach so, Sie haben ja niemanden für Ihre Kleine. Da fällt mir ein, ich hab hier kürzlich ganz in der Nähe etwas von einer privaten Kinderbetreuung gelesen ..."

Apropos Visitenkarten – jeder möchte sie haben, Kollegen sind zutiefst beleidigt, wenn sie bei einem Neudruck übergangen werden. Aber restlos verteilt werden diese Dinger so gut wie nie. Und wenn, dann meistens nur an Leute, die sowieso ganz genau wissen, wer da grad vor ihnen sitzt, und dessen Anschrift sie sowieso aus der Kopfzeile jeder Seite seiner dicken Angebotsmappe entnehmen können. Ein gutes Mittel gegen das „Ich spreche nicht gern von meiner Arbeit"-Syndrom ist ein selbst verordneter Visitenkarten-Verteilungstag. Was halten Sie von dem Versuch, einmal pro Woche oder zumindest einmal pro Monat, mindestens drei Ihrer Visitenkarten außerhalb Ihrer Geschäftskontakte gezielt unter die Leute zu bringen? Achten Sie darauf, Gespräche mit Unbekannten, z. B. an der Bushaltestelle, beim Einkaufen oder im Schwimmbad, in eine Richtung zu lenken, die es Ihnen gestattet, kurz und nett Ihr Kärtchen anzubieten. Am Anfang wird Ihnen das bestimmt etwas gekünstelt erscheinen, doch mit der Zeit wird es immer natürlicher und selbstverständlicher für Sie werden, Ihre Tätigkeit zu erwähnen, und Sie werden sich dafür keinen Extratag mehr auswählen müssen. Wenn Sie ab sofort immer ein gut gefülltes Visitenkartenetui bei sich tragen, können Sie schon morgen mit Ihrer ersten mutigen Offensive starten.

Auch Empfehlungsmarketing ist eine Form von Eigenwerbung, die Sie gezielt forcieren sollten. Wie bereits in einem der vorherigen Kapitel erwähnt, ist es sehr hilfreich, sich die begeisterten Rückmeldungen Ihrer Kunden gleich von Anfang an zu notieren. Oder ermuntern Sie Ihre Kunden, ein Statement in Ihrem virtuellen oder herkömmlichen Gästebuch abzugeben. Wer rundherum zufrieden ist, ist meist auch damit einverstanden, dass Sie sein Lob zu Werbezwecken weiterverwenden. Machen Sie Spezialangebote, bei denen es sich auszahlt, wenn Ihre Kunden andere mit „ins Boot" bringen: Bieten Sie einmal pro Monat einen Freundschaftstag an, bei dem Ihre Kunden einen Freund, eine Freundin mitbringen dürfen, mit Sekt empfangen werden und jeder einen großzügigen Nachlass auf den Massagepreis bekommt. Gestatten Sie Eltern, die beste Freundin ihrer Tochter einmal gratis an der Hausaufgabenbetreuung teilhaben zu lassen und geben Sie dafür witzig formulierte Gutscheine weiter. Belohnen Sie bei Ihrem Angebot der Balkonverschönerung die Vermittlung eines Neukunden mit einem kostenlosen Frühjahrs-Check für sämtliche Blumenkästen. Geben Sie bei der Organisation Ihrer Modenschau einen Teilnahmerabatt, wenn es der Inhaberin des Dessousgeschäftes gelingt, die exklusive Kinderboutique zur Teilnahme zu bewegen. Bedanken Sie sich bei Ihrem Chef mit einem Gratis-Porzellanmalkurs für seine Frau, wenn er Sie mit Ihrem Job-Rezept „Alle Tassen im Schrank" erfolgreich an Geschäftsfreunde weiterempfohlen hat.

Ein von Herzen kommendes Dankeschön ist eine Geste, die besonders in Erinnerung bleibt und viele Türen öffnet. Je unerwarteter Sie jemanden damit überraschen, umso größer ist die Freude. Je aufrichtiger Sie Ihren Dank aussprechen und echte Anerkennung für das Vertrauen und die Kundentreue zeigen – ob nur mit ein paar Worten, einer Willkommenskarte nach dem Urlaub oder mit einem großzügigen Geschenk – umso mehr spüren Ihre Kunden, dass Ihnen ihr Wohl wirklich am Herzen liegt. Die persönliche Ebene stärkt die Kundenbindung enorm und kann langfristig dazu führen, dass die Weitergabe Ihrer Adresse wie eine kleine Auszeichnung gehandhabt wird „Also diesen Tipp geb ich wirklich nicht jedem – nur ganz besonderen Menschen, die ihn auch zu schätzen wissen!" Da es jeder genießt, wertschätzend und persönlich behandelt zu werden, wird man diesem Hinweis dann bei Bedarf auch gerne folgen.

Pressearbeit – ein Kapitel für sich
In einigen Rezepten habe ich Ihnen ja bereits ein paar Tipps zum Formulieren von Pressemitteilungen gegeben. Professionelle Pressearbeit jedoch ist ein so umfassendes Berufsfeld, dass es dafür nicht ohne Grund eigene Firmenabteilungen gibt. Es gibt aber einige grundlegende Dinge, die jeder kleine Betrieb, Frei- oder Nebenberufler über die Zusammenarbeit mit Journalisten wissen sollte.

Journalisten sehen es nicht gern, wenn ihre möglichst unabhängige Berichterstattung zu sehr nach Werbung klingt. Andererseits weiß z. B. auch jeder Zeitungsschreiber, dass sein Blatt von den Anzeigenkunden lebt und diese dementsprechend gepflegt sein wollen. Wenn Sie sich nun eine Artikelveröffentlichung wünschen, ist es hilfreich, sich in die Lage der Journalisten zu versetzen. Ihnen flattern tagtäglich unzählige Meldungen auf den Schreibtisch und den Bildschirm. Sie erleichtern ihre Arbeit sehr, wenn Sie von vornherein deutlich machen, für welches Ressort sich Ihre Mitteilung eignet. Die einzelnen Redaktionen mit Telefonnummer und E-Mail-Adresse lassen sich leicht über die Zentralen herausfinden. So landet Ihre virtuelle Post dann gleich in der richtigen Abteilung. Jetzt ist es vor allem wichtig, dass Sie Ihrem Ansprechpartner einen Nutzen bieten, denn auch Pressearbeit lebt von dem schlichten Prinzip Geben und Nehmen. Entweder bieten Sie ihm einen so brillant oder originell formulierten, inhaltlich interessanten Text, dass er gar nicht mehr umhin kann, diese Information seinen Lesern zu präsentieren. Und/oder Sie appellieren mit Ihrem Bericht an sein soziales Gewissen bzw. seine Mitmenschlichkeit und machen die Wichtigkeit und die Hilfestellung in Ihrer Meldung deutlich. Oder Sie bieten die Alternative, sich selbst ein Bild zu machen, verpacken alles in eine verlockende Einladung und gehen davon aus, dass Ihr Zeitungsmann oder Ihre Zeitungsfrau schon die richtigen eigenen Worte für Ihre Aktivitäten finden werden. Sie können selbstverständlich auch versuchen, mit dem Vorzug eines Exklusivberichts zu winken. Wenn Sie parallel zu Ihrem Presseartikel Anzeigen planen, sollten Sie dies selbstverständlich erwähnen. Auch wenn Sie im Gegenzug zu Ihrer Werbung keine direkte Zusage für einen redaktionellen Artikel bekommen, vergrößern Sie als potenzieller Kunde doch in jedem Fall die Chancen auf Veröffentlichung.

Geben Sie den Redaktionen genügend Vorlaufzeit und denken Sie bei Wochen- oder Monatsblättern daran, sich die Termine für den Redaktionsschluss zu notieren. Erkundigen Sie sich nach einer angemessenen Wartezeit von zwei bis drei Tagen, ob Ihr Pressetext ordnungsgemäß angekommen ist und registriert wurde. Auf diese Weise haben Sie, sollte er in der täglichen Flut von E-Mails, Faxen und Briefen untergegangen sein, noch rechtzeitig die Möglichkeit für eine zweite Zusendung. Fragen Sie am besten telefonisch nach und zeigen Sie Verständnis, wenn man sich nicht sofort an Ihre Nachricht erinnert. So findet sich vielleicht gleich die Gelegenheit, eventuelle Fragen zu beantworten. Doch geben Sie Ihre Zusatzinformationen möglichst kurz und präzise weiter, da die Zeit in den Redaktionen wie überall sehr knapp bemessen ist. Bieten Sie dafür lieber an, die ergänzenden Infos umgehend per E-Mail nachzureichen.

Es macht wenig Sinn, nachfolgende Termine oder Aktionen immer im gleichen Tenor anzukündigen. Versuchen Sie lieber, jeder neuen Mitteilung ein eigenes Gesicht zu geben. So wird Ihr Name bzw. Ihr Unternehmen in den Redaktionen bekannt, aber nicht langweilig. Sie schaffen sich auf diese Weise eine gute Basis, um die mittlerweile etwas vertraut gewordenen Journalisten zu einem kleinen Pressegespräch mit Imbiss, zu einer Schnupperstunde oder zu einer kurzen Geschäftsbesichtigung einzuladen. Gerade bei Presseleuten ist der persönliche Kontakt die wertvollste Verbindung, die Sie aufbauen und von der Sie langfristig am meisten profitieren können.

Auf dem Weg zur Meisterschaft

Mit diesem Buch will ich Ihnen vor allem Mut machen, erste Schritte in neue berufliche Gefilde zu wagen. Da Mut allein jedoch nicht ausreicht, wenn man noch keine rechte Ahnung hat, wohin man gehen wird, sollen Ihnen meine Rezepte sozusagen Fuß vor Fuß gangbare Wege aufzeigen. Doch wie es so manchmal ist beim Spazierengehen in unbekannten Gefilden, stellt sich erst vor Ort heraus, ob das Kartenmaterial auch den tatsächlichen Gegebenheiten bzw. Vorstellungen entspricht. Erstmal angekommen, wirkt das Gebiet vielleicht völlig anders als auf der Wanderkarte. Die Pfade sind verworrener, die Entfernungen weiter oder die Steigungen anstrengender, als gedacht. Die unbekannte Umgebung zeigt sich als große Herausforderung. Entweder beschließen Sie nun, gleich umzukehren und nie wieder einen Fuß in diese Gegend zu setzen, weil Sie sich hier grundsätzlich nicht wohl fühlen. Oder Sie öffnen sich für den zauberhaften Reiz des Unbekannten, den Sie ohne Ihre Karte nie entdeckt hätten. Das Terrain wird Ihnen immer vertrauter, während Sie sich bei jeder Wanderung von neuen Entdeckungen überraschen lassen. Vielleicht gründen Sie bald eine Wandergruppe und helfen sich gegenseitig dabei, sich nicht zu verirren, ortskundiger zu werden und zusammen geheimnisvolles Neuland zu erobern. Nach einiger Zeit fragen Sie sich, wie Sie nur so viele Jahre gelangweilt auf dem Sofa sitzen konnten, wenn das Leben doch so schön und abwechslungsreich sein kann!

Nun ja, es ist noch kein Meister vom Himmel gefallen, kein Bergsteiger ganz ohne Übung und Anstrengung einfach von oben auf den Mount Everest geplumpst. Haben Sie daher Geduld, seien Sie nicht zu streng, aber auch nicht zu lasch mit sich selbst. Haben Sie bitte die Ausdauer, nach der Anfangseuphorie auch Frust-Situationen zu überstehen. Setzen Sie sich ein Zeit- oder Erfolgslimit, das Sie keinesfalls unterschreiten wollen. Wenn Sie dann nach und nach sicherer werden und aus jeder Herausforderung etwas lernen, werden Sie immer klarer erkennen, wohin genau Ihre Richtung geht. Durchhaltevermögen und Erfahrung lassen Sie vom Anfänger zum Meister werden. Akzeptieren Sie Phasen der Angst und Unfähigkeit ebenso wie leichte Anflüge von Schwermut und Aussichtslosigkeit in der Gewissheit, dass es wirklich nur Phasen sind. Verzeihen Sie sich Zeiten des Nichtstuns ebenso wie die Momente voller Selbstzweifel und Null-Bock-Tage. Verzagen Sie nicht, geben Sie nicht auf und gehen Sie durch alles mutig hindurch. Wenn Sie Ihren Weg trotzdem zuversichtlich, mit offen Augen und Ohren, mit inspirierenden Begegnungen, in unterstützenden Gruppen und durch laufende Weiterbildung unbeirrt vorwärtsgehen, wird Ihr Spektrum weiter und strahlender und Ihr Wirken für alle Beteiligten kontinuierlich erfolgreicher. Sie werden immer freier und einfallsreicher, um aus der Vielfalt der Berufswelt Ihren absolut einmaligen Traumjob zu kreieren. Denn Sie wissen ja – es gibt keinen Menschen, der genauso wie Sie klingen und schwingen kann!

Weiterbildungsmaßnahmen über Arbeitsagentur und ARGE
Bei einem Buch über Beruf und Berufung möchte ich auch ein Wort an die Menschen richten, die derzeit Leistungen über die Arbeitsagentur oder die ARGE beziehen bzw. davon ausgehen müssen, sich bald in dieser Lage zu befinden. Aufgrund sehr geringer Bezüge und einem durch viele Vorschriften eingeschränkten Handlungsspielraum fühlen sich manche völlig hilflos, diesen Status aktiv zu verändern. Schon vorher oft unglücklich im Job, werden die geforderten Pflicht-Bewerbungen auf Stellenangebote in der ungeliebten Branche dann wenig erfolgreich sein.

Sollten Sie sich derzeit in einer ähnlichen Situation befinden, wagen Sie es bitte trotzdem, zu träumen! Entscheiden Sie sich für einen ersten kleinen Schritt zu Ihrer Wunschbranche und entwerfen Sie einen grob skizzierten Plan. Überprüfen Sie dabei genau, welche Fortbildungskurse und Umschulungsmaßnahmen

Ihnen helfen können, Ihr Ziel zu erreichen. Unterschätzen Sie nicht die Möglichkeiten, die Ihnen Arbeitsagentur und ARGE bieten, um Ihre Chancen auf dem Weg zurück in den Arbeitsmarkt oder in die Selbstständigkeit zu verbessern. Auch wenn Sie schon mal enttäuschende Erfahrungen gemacht haben, suchen Sie trotzdem mit neuem Mut und so unvoreingenommen wie nur möglich das Gespräch mit Ihrem persönlichen Berater. Haarsträubende Erfahrungen und frustrierende Erlebnisse gibt es nicht nur auf Seiten der Arbeitsuchenden. Sie dürfen daher sicher sein, dass die Mitarbeiter der Arbeitsbehörden ein klares und höfliches, selbstbewusstes und trotzdem kooperatives Auftreten sehr zu schätzen wissen.

Zeigen Sie Engagement und Einsatzbereitschaft. Sie sind nicht zum ergebenen Warten, Ausharren und Akzeptieren verurteilt, sondern können sich natürlich an der Auswahl der passenden Fortbildungsmaßnahmen beteiligen bzw. diese selbst aktiv herbeiführen. Belegen Sie durch Ihre konkreten Existenzgründungspläne oder durch mitgebrachte Stellenanzeigen, dass die von Ihnen gewünschten Weiterbildungen Ihre Chancen wesentlich verbessern würden, da genau diese Qualifikationen erforderlich sind. Lassen Sie sich nicht entmutigen, bleiben Sie freundlich, aber hartnäckig und legen Sie Ihre Vorstellungen offen und ehrlich dar. Manchmal ist der Spielraum der einzelnen Berater größer, als Sie vermuten würden. Die Hintergründe sind vielfältig und hängen oft mit der Finanzierung von neuen Sonderprogrammen zusammen, die kurzfristig von der Bundesregierung finanziert werden und dadurch den Entscheidungsbereich ausweiten. Außerdem können Sie sich von den Weiterbildungsinstituten, die teilweise als virtuelle Akademien fungieren, auch ein eigenes Bild via Internet oder durch einen persönlichen Besuch machen. Und sollten Sie während einer laufenden Maßnahme tatsächlich einmal feststellen, dass Sie sich völlig falsch entschieden haben, suchen Sie auch hier das offene, ehrliche Gespräch mit Ihrem Berater. Dazu gehört Mut, aber seien Sie es sich wert, die Erfüllung Ihrer Bitten grundsätzlich für möglich zu halten. Bundesweit gibt es über die Arbeitsagenturen Tausende von Fortbildungen in allen Branchen und Sparten – da wird doch wohl auch für Sie das Passende dabei sein!

Wenn Sie dann glücklich an dem von Ihnen gewünschten Kurs teilnehmen, werden Sie bestimmt bald positive Veränderungen feststellen. Eine wichtige Aufgabe, einen eigenen, festen Platz sowie wieder Struktur und Routine im Tagesablauf zu haben, stabilisiert das Selbstwertgefühl enorm. Zudem verbleiben Sie dabei in einem Umfeld, in dem auch die anderen Teilnehmer Ihre Ängste, Sorgen und finanziellen Nöte aus eigener Erfahrung kennen. Sie brauchen sich nicht als Außenseiter zu fühlen und können von dem sozialen Miteinander und der Verantwortungsübernahme sehr profitieren, schulen gleichzeitig Ihre Teamfähigkeit, lernen sich gegenseitig zu unterstützen und erfahren ein vielleicht schon lang vermisstes „Kollegengefühl". Auf dieser Basis können Sie tatsächlich lernen, Ihre unfreiwillige Arbeitslosigkeit als eine sonst nie wahrgenommene Chance zur beruflichen Neuorientierung wertzuschätzen!

Im Übrigen: Viele dieser Tipps entstanden aus Gesprächen mit Freunden, die schon längere Zeit arbeitslos waren oder sind, es aber nie aufgegeben haben, sich optimistisch und unverzagt für die Verbesserung ihrer Situation zu engagieren!

Ausgewählte Adressen

Ich finde es immer etwas lästig, beim Lesen mitten im Absatz unterbrechen zu müssen, um irgendwelchen Querverweisen zu folgen. Da es jedoch einige hilfreiche Adressen gibt, die ich Ihnen keinesfalls vorenthalten möchte, habe ich mich entschieden, diese einfach im Anhang, übersichtlich den Job-Rezepten zugeordnet, für Sie zu ergänzen. Zu den meisten der genannten Personen, Unternehmen oder Institutionen habe ich einen persönlichen Bezug und kann sie mit bestem Gewissen empfehlen.

Doch lassen Sie sich nicht davon abhalten, selbst weiter zu recherchieren und in sich hineinzuspüren, wo es Sie persönlich hinzieht. Oft bekommen Sie dann vielleicht einen weiteren Hinweis oder Sie klicken auf einen verbindenden Link und kommen dann auf diesem Weg zu der für Sie genau passenden

Zum guten Schluss: Noch ein paar Tipps für Ihren Erfolg

Adresse. Dabei ist mir natürlich klar, dass nicht jeder Leser über einen PC verfügt bzw. Übung im virtuellen Internet-Surfen hat. Nun ist es mittlerweile jedoch so, dass die schnellste und ergebnisreichste Recherche tatsächlich über dieses Medium läuft. Daher wäre es sinnvoll, wenn Sie zuerst einmal den Links über eigene oder fremde Computer folgen und sich bei Bedarf einfach von darin geübten Personen unterstützen lassen. Machen Sie sich dabei in aller Ruhe Ihr eigenes Bild von den Inhalten, Fotos und Angeboten, machen Sie sich gegebenenfalls Notizen und gehen Sie dann über die im Impressum angegebenen Adressen oder Telefonnummern den von Ihnen bevorzugten Weg der Kontaktaufnahme.

Und jetzt viel Freude und Aha-Effekte bei meinen individuellen Adress-Tipps ...

Romanheldin & Dichterfürst

www.schreibwerkstatt.de und www.autorenweb.de
Internetforen wie diese sind für viele Hobby-Autoren eine gute Möglichkeit, erste Schritte in die Öffentlichkeit zu wagen. Hier tauscht man sich aus, unterstützt sich, schreibt gemeinsam Fortsetzungsgeschichten und bietet sich schriftstellerische Werke aller Sparten gegenseitig zur Begutachtung an.

www.literaturcafe.de
Hier macht es jedem Literaturfreund Spaß, ein bisschen Platz zu nehmen. Beim Rundgang durch das virtuelle Café gibt es viel zu entdecken: Buchkritiken und -empfehlungen, viel Prosa und Lyrik, guter Rat, wichtige Termine und vieles mehr.

www.literaturport.de
Als „Literaturhafen im Internet" sieht sich diese Seite, als ein Autorenlexikon mit neuen Texten und Tönen, vor allem für den Raum Berlin/Brandenburg. Hier finden Sie, neben vielen anderen Veranstaltungshinweisen, unter dem Menüpunkt „Preise/Stipendien" eine reichhaltige Auflistung von Literaturstipendien, Wettbewerben und Ausschreibungen für Autoren und Übersetzer. Die Angebote kommen aus Deutschland, Österreich und der Schweiz.

Showgirl & Pantomime

www.maerchenzentrum.de
In einem alten Schloss in Mittelfranken führt der Verein Märchenzentrum DornRosen e.V seine Ausbildungskurse zum/zur Märchenerzähler/in durch. Die Ausbildung ist gründlich und fundiert, die Teilnehmer erfahren viel über die Hintergründe und die heilende Wirkung von Märchen, über Rhetorik und Schauspiel und natürlich auch so einiges über sich selbst.

www.casting-network.de
Hier verbirgt sich ein vielseitiges Branchenportal mit Adressen von staatlichen und privaten Schauspielschulen, Angeboten für Kleinrollen für Film, TV und Theater sowie vielen Links zu Casting- und Künstler-Agenturen aller Genres.

www.jtf.de
Das Junge Theater im Fränkischen Forchheim bietet monatlich ein offenes Podium. Für zwei bis drei Stunden ist die Bühne für jeden frei, der was kann und es zeigen will – ob Akrobatik, Musik, Kabaretteinlagen oder klassisches Theater, ob frech oder gediegen. Viele Kleinkunstbühnen veranstalten ähnliche Talentbörsen, in denen schon der ein oder andere bekannte Künstler seinen ersten öffentlichen Auftritt gewagt hat. Um sich z. B. mit dem Job-Rezept „10-Minuten-Oper" erstmalig vor Publikum auszuprobieren, sind offene Podien die ideale Plattform.

Blumenzwiebel & Gartenzwerg

www.koenigliche-gartenakademie.de
Die königliche Gartenakademie in Berlin/Dahlem versteht sich als ein Zentrum zur Förderung der Gartenkultur und Gartenkunst. Hierzu zählen sowohl die Bemühungen um ein besseres Verständnis bei Laien und Fachleuten als auch die Vermittlung von Kenntnissen über Pflanzen, Natur und Gestaltung sowie geschichtliche Zusammenhänge. Im Innen- als auch im Außenbereich der Anlage gibt es viele Ausstellungsflächen. In einem Schaugarten werden dem Kunden neueste Pflanzentrends gezeigt und angeboten.

www.nabu.de, www.bund.net, www.wwf.de, www.greenpeace.de
Diese Namen, unter denen sich große Naturschutzorganisationen für den Erhalt unserer Umwelt stark machen, sind Ihnen sicherlich bestens bekannt. Sollte in Ihnen ein grünes Herz für die Umwelt schlagen, bieten Ihnen diese Vereine und Verbände auch diverse Möglichkeiten, um Ihre (Arbeits-)Kraft national wie international für Flora und Fauna einzubringen.

Kindernärrin & Seelentröster

www.frankfurter-ring.de
Schauen Sie sich hier einfach mal zur Inspiration das bunte Veranstaltungsprogramm an! Sie werden feststellen, dass sich so gut wie jedes positiv bewältigte Lebensthema dazu eignet, in Form von Vorträgen, Seminaren oder Workshops als praktische Alltagshilfe an Ihre Mitmenschen weitergegeben zu werden.

www.hoppsala.de
Hier lohnt es sich, ein bisschen herumzusurfen, um ein paar tolle Anregungen für Kinderbetreuung und Kinderevents zu bekommen Unter dem Menüpunkt Kindergeburtstag finden Sie auch originelle Ideen für Mottopartys, die sich bestens für das Job-Rezept „Kinderparty Kunterbunt" eignen.

www.ehrenamt.de
Die unter dieser Adresse agierende Akademie für Ehrenamtlichkeit bietet attraktive Qualifizierungsmöglichkeiten und organisationsübergreifenden Erfahrungsaustausch für haupt- und ehrenamtlich Engagierte. Sie sieht ihren Auftrag in der Qualifizierung und Fortbildung, Beratung und Organisationsentwicklung, um eine nachhaltige Freiwilligen-Kultur in Deutschland zu fördern, und verfügt über einen langjährigen, fundierten Erfahrungshintergrund.

www.gute-tat.de
Die Stiftung Gute-Tat.de unterstützt vorrangig kleinere und mittlere Hilfsprojekte, die durch private Initiative entstanden sind. Die Zielsetzung ist, über das Internet möglichst viele Menschen mit konkreten Hilfsangeboten zusammenzubringen und damit die individuelle Hilfe von Mensch zu Mensch anzuregen.

Basteltante & Pinselheini

www.kuenstlerhaus-spiekeroog.de
Darf ich ein bisschen schwärmen? Auf der zauberhaften ostfriesischen Mini-Insel Spiekeroog finden Sie mit dem 2007 eröffneten Galerie- und Künstlerhaus einen inspirierenden Ort für Künstler, Profis wie Ungeübte. Hier kommen Sie wahrhaft zur Besinnung und Entfaltung, können sich in vielfältigsten kreativen Techniken ausprobieren und Ihren eigenen künstlerischen Ausdruck finden. In den großzügigen Ateliers und Werkstätten vermitteln erfahrene Künstler und Dozenten Techniken und Kenntnisse zur Kunstausübung. Die Galerie zeigt wechselnde Ausstellungen vor allem junger Kunstschaffender, von denen einige im Rahmen von Stipendien dort auch arbeiten und wohnen.

www.kunsthandwerkerportal.de
Diese Seiten haben viel zu bieten. Ein Verzeichnis von Kunsthandwerkern und Künstlern aus Deutschland, Österreich und der Schweiz ist mit über 5.000 Einträgen das größte seiner Art. Hier finden Sie passende Tipps und Adressen, um sich Material, Zubehör und Fachbücher jeglicher Art zu beschaffen. Was natürlich auch nicht fehlen darf: eine große, stets aktuelle Liste von Märkten und Ausstellungen, die Ihnen viele Chancen bietet, sich mit Ihrer Kunst der Öffentlichkeit zu präsentieren.

Sportskanone & Gesundheitsapostel

www.animateure.de
Das Online-Jobportal arbeitet mit namhaften Reiseveranstaltern zusammen. Vorwiegend finden Sie hier Angebote für Vollzeitanimateure, z. B. für eine komplette Sommersaison von April oder Mai bis Ende Oktober. Dafür durchlaufen Sie dann in der Regel erstmal eine Art Casting und erhalten vor dem Saisonstart eine Grundausbildung. Doch es gibt auch Angebote für „Freelancer", die das Animationsteam nur wochenweise unterstützen.

www.gesundheitsberater.de
Wenn meine Ausführungen zu dem Tätigkeitsfeld eines Gesundheitsberaters bei Ihnen Interesse an diesem Beruf geweckt haben, finden Sie hier die passenden Informationen. Über 3.000 Seminarteilnehmer haben laut der Gesellschaft für Gesundheitsberatung bereits die Ausbildung erfolgreich absolviert und wirken als Multiplikatoren in Volkshochschulen, Familienbildungsstätten, Bioläden, Lehrküchen, Krankenhäusern, zusammen mit Angehörigen anderer Heilberufe, in Arztpraxen, therapeutischen Einrichtungen und ähnlichen Institutionen.

Katzenmami & Hundefreund

www.thmev.de
Der Verein „Tiere helfen Menschen" möchte die positiven Auswirkungen von Heim- und Haustieren auf Menschen fördern. Die Mitglieder besuchen dafür mit „tierischer" Begleitung Heime, Kliniken, Schulen, Kindergärten, Justizvollzugsanstalten und Einzelpersonen. Sie beraten die Einrichtungen in Fragen zur Tierhaltung und stellen Kontakte zu Fachleuten her. Der Verein fördert die Weiterbildung von beruflich und ehrenamtlich tätigen Menschen durch Seminare, Workshops, Tagungen und Vorträge. Selbstverständlich gibt es noch viele andere Vereine sowie Unternehmen, die sich für das Verständnis und den Kontakt zwischen Mensch und Tier einsetzen. Unter den Suchbegriffen „Tiersitter" oder „Tierbetreuung" finden Sie hierzu im Internet zahlreiche weiterführende Links.

www.delphinschutz.org
Die „Gesellschaft zur Rettung der Delfine" (GRD) ist ein gemeinnütziger und unabhängiger Verein, der sich weltweit für den Schutz der Delfine und den Erhalt ihrer Lebensräume stark macht. Sie können den Verein in Form von Spenden, Patenschaften oder auch mit persönlichem Einsatz unterstützen. Unter dem Suchbegriff „Tierschutz" finden Sie noch zahlreiche weitere Adressen, um sich für den Schutz von Tieren jeder Art und Rasse zu engagieren und/oder, wie beim „Training on the job" angeregt, auch Ihren Arbeitgeber bzw. die Kollegen zur Unterstützung zu animieren.

Modepuppe & Dressman

www.schneidern-naehen.de *und* **www.naehen-schneidern.de**
Auf diesen Seiten dreht sich alles ums Selberschneidern: Kleidung aller Art, Accessoires, Änderungsideen etc. Die Auswahl ist groß, jeden Monat finden Sie hier neue Nähanregungen, Schnittmuster und viele Tipps und Anleitungen auch für Nähanfänger.

www.modeagentur.net
Hier finden Sie eine Informations- und Kommunikationsplattform für den Modehandel in Österreich, Deutschland und in der Schweiz. Verlinkungen mit YouTube-Videos ermöglichen interessante Einblicke in internationale Modemessen und Fashion Shows. Neben aktuellen Presseberichten werden Sie informiert, was in dieser Saison angesagt ist. Zudem erfahren Sie alle Termine zu den wichtigsten weltweiten Mode-Events.

www.stoffmarktholland.de
Hobbyschneider und Profis können beim Bummeln auf dem Stoffmarkt Holland ins textile Schwelgen geraten. 10.000 verschiedene Stoffe für Erwachsene, Kinder und zu Dekozwecken sowie Kurzwaren aller Art warten an mehr als 150 Ständen auf die Besucher. Der Stoffmarkt Holland zieht quer durch Deutschland und schlägt bundesweit in rund 20 verschiedenen Städten sein Lager auf.

Kochmamsell & Tortenheber

www.mydays.de
Auf diesen Seiten finden Sie Erlebnisgeschenke der besonderen Art. Von Wellness über Abenteuer, von Mode bis Entertainment, von Sport bis Kultur gibt es hier aus allen Bereichen die verrücktesten Einfälle für alle Feierlichkeiten. Hier bietet sich eine gute Plattform, um Ihre Kochkurse oder Kochevents kreativ unter ein Motto zu stellen und sie dann per Erlebnisgutschein als ausgefallene Geschenkidee anzubieten.

www.chefkoch.de
Rund 150.000 Rezepte – von Amaranth-Brot bis Zebra-Muffins, von Anisschnaps bis Zucchini-Chutney – hier gibt's nichts, was es nicht gibt! Und wenn Sie ein Weilchen herumklicken, werden Sie sicherlich auch viele tolle Anregungen für das Job-Rezept „Fitte Schnitte" finden.

Reisefee & Weltenbummler

www.projects-abroad.de
Projekt Abroad ist ein Berliner Kontaktbüro für Deutsche, Österreicher/innen und Schweizer/innen, die sinnvolle Arbeit mit Auslandserfahrung verbinden wollen. Die Idee ist, Menschen aller Altersklassen, die Enthusiasmus mitbringen, aber möglicherweise keine speziellen Qualifikationen vorweisen können, einen sinnvollen Arbeitseinsatz zu ermöglichen. Auf diese Weise kann der interkulturelle Austausch mit einer beruflichen Erfahrung verbunden werden.

www.experiment-ev.de
Experiment e. V. ist Deutschlands älteste, gemeinnützige Austauschorganisation, die sich den Austausch zwischen Menschen aller Kulturen, Religionen und Altersgruppen zum Ziel gesetzt hat. Indem sie das Zusammenleben von Menschen verschiedener Herkunft ermöglicht, möchte sie zum gegenseitigen Verständnis und Respekt und damit zum friedlichen Miteinander der Kulturen beitragen.

www.artemed-medien.de
Die Münchner Firma Artemed Verlag & Medien bietet als bisher einzige Agentur Plakatwerbeflächen in deutschen Kliniken an. Hier können große Plakatrahmen als anspruchsvolle Werbeflächen an besonders frequentierten Stellen innerhalb der Kliniken angemietet werden. Diese Werbeform eignet sich für viele Branchen und ganz besonders für das Job-Rezept „Urlaubs-Coaching".

www.reiselinks.de
Unter dieser Adresse, einem sogenannten Webkatalog, hat ein findiger und fleißiger Unternehmer über 12.000 Links rund um das Thema Reisen zusammengetragen, unter anderem auch eine Auflistung aller wichtigen Reisemessen und Reisemagazine. Zudem reist und recherchiert er ständig in den verschiedensten Regionen der Welt, um seine Seiten immer wieder mit neuen Rubriken zu ergänzen bzw. bestehende zu aktualisieren.

Danksagung

Mein Dank, dass dieses Buch entstehen konnte, gilt sehr vielen Menschen, die ich zum Teil nicht einmal namentlich kennen gelernt habe. Menschen, die es mit einer großen Portion Kreativität und Unbekümmertheit gewagt haben, völlig neue berufliche Wege zu gehen, und die mir dadurch viele Anstöße für neue Berufsschöpfungen gegeben haben.

Dann gibt es natürlich auch einige Mitmenschen, die sich in den geschilderten Aktivitäten auf Anhieb wiedererkennen werden und die auf diese Weise ein tolles Vorbild für andere sind. Herzlichen Dank an euch! Weiter so, Ihr Lieben – Ihr seid großartig!

Danken möchte ich auch meinen beiden früheren Arbeitgebern Thomas Hagenauer und Georg Hetz, die mir ihr Vertrauen schenkten und es mir immer wieder gestatteten, meinen Arbeitsplatz als Experimentierfeld für oft völlig branchenfremde Ideen zu nutzen. Und danke an alle Kollegen, die meine Initiativen manchmal etwas verwundert und staunend verfolgten, mich aber stets wunderbar unterstützt haben.

Danke an alle fleißigen Mitmenschen, die so tolle Internetplattformen geschaffen haben, mir dadurch noch tiefere Einblicke in viele verschiedene Berufssparten ermöglichen und mit den von mir ausgewählten Links nun bestimmt auch viele neue Besucher begrüßen dürfen. Auf ein weiterhin fröhliches und erfolgreiches Netzwerken!

Bei der Gelegenheit gleich noch ein optimaler Tipp zur gegenseitigen Unterstützung durch Erfolgsteams, Erfolgstagebücher, Teleseminare für Existenzgründer und individuelle Hilfestellung: www.selbststaendig-und-erfolgreich.de.

Danksagung

Vielen Dank auch an dich, liebe Petra Frank. Du warst bei dieser Buchidee sozusagen Geburtsbegleiterin und hast mir in manch tiefem Lebenstal die Hand gereicht. Es ist wunderbar tröstlich, auch in aussichtslos erscheinenden Momenten dein Verständnis, deine Weisheit und deine „Schwesternschaft" zu spüren!

Danke dir, liebe Anne Petersen, dass ich dich mit meiner Buchidee auf Anhieb begeistern konnte! Du hast meine Intention sofort verstanden und hast es mir ermöglicht, diese Aufgabe, die so dringend auf Verwirklichung wartete, ohne zeitliche Verzögerung umzusetzen. Es macht sehr viel Freude, mit dir sprachlich wie ideell am gleichen Strang zu ziehen!

Danke, liebe Leserin, danke, lieber Leser, dass Sie dieses Buch gekauft und bis zum Schluss gelesen haben. Danke für Ihre Zeit und auch für Ihr Vertrauen, falls Sie nun die eine oder andere Idee umsetzen wollen: Von Herzen ganz viel Glück dabei!

Die Autorin

Barbara Forster, geboren 1961 in Berlin, war in ihrem abwechslungsreichen Berufsleben in diversen Bereichen tätig. Unter anderem arbeitete sie viele Jahre in der Touristik, beim Rundfunk und in der Öko-Finanzbranche. Parallel dazu widmet sie sich schon seit langer Zeit als Schriftstellerin dem Schreiben von Kinder- und Kurzgeschichten, Gedichten, Kolumnen und Lebenshilfethemen. Ihre Erfahrungen gibt sie in Seminaren, Workshops und Vorträgen weiter.

Sie haben Fragen oder Rückmeldungen zu den „Rezepten für den tollsten Job der Welt"? Sie interessieren sich für einen Vortrag, für ein Seminar oder eine persönliche Beratung?

Über die E-Mail *info@barbara-forster.de* können Sie Kontakt mit der Autorin aufnehmen.

Weitere Informationen finden Sie unter *www.barbara-forster.de* sowie bei J.Kamphausen unter *www.weltinnenraum.de*

Gabriele Schendl-Gallhofer

Träume leben

Du musst nur wollen! Diesen Satz werden Sie schon oft gehört haben, wenn Sie mit einer Situation unzufrieden waren, es aber dennoch nicht schafften, diese zu verändern. Warum bereiten uns manche Veränderungen Kopf- und Bauchschmerzen? Mit profundem Wissen, Humor und anhand liebevoller Zeichnungen vermittelt die Autorin, was in unserem Gehirn passiert, wenn wir mit neuen Situationen konfrontiert werden; und wie wir Schritt für Schritt innere Veränderungskompetenz erwerben und so unseren Träumen näher kommen. Ein Einsteigerbuch!

Gabriele Schendl-Gallhofer: DU kannst auch ANDERS! | 200 Seiten | ISBN: 978-3-89901-126-5

jkamphausen   www.weltinnenraum.de

Janet und Chris Attwood

Leidenschaft

Sind sie manchmal entmutigt und vom Leben frustriert? Kommt es Ihnen oft so vor, als würden sich Ihre Träume nie erfüllen? Dieses Buch wird das ändern.

Mit einem klar strukturierten, einfachen Test hilft Ihnen *Passion Test* zu erkennen, was Sie wirklich wollen – indem Sie Klarheit darüber gewinnen, wer Sie sind. Klarheit ist die Grundvoraussetzung eines jeden Erfolges, sie verleiht Ihnen die Macht zu handeln, und diese Macht legt die Basis für Erfolg, Glück und Erfüllung.

Leicht und leidenschaftlich geschrieben, mit vielen praktischen Übungen, Tipps und Hinweisen, begleitet Sie dieser Ratgeber zu Ihrem ganz persönlichen Erfolg.

www.thepassiontest.com

Janet und Chris Attwood: Passion Test | 245 Seiten | ISBN 978-3-89901-104-3

jkamphausen   www.weltinnenraum.de